青 少 年 百 科 丛 书

植物王国

主编 赵志远

新疆美术摄影出版社

图书在版编目(CIP)数据

植物王国 / 赵志远主编. — 乌鲁木齐 : 新疆美术摄影出版社, 2011.12

(青少年百科丛书)

ISBN 978-7-5469-1972-0

Ⅰ. ①植… Ⅱ. ①赵… Ⅲ. ①植物 – 青年读物②植物 – 少年读物 Ⅳ. ①Q94-49

中国版本图书馆 CIP 数据核字(2011)第 253847 号

青少年百科丛书——植物王国

策　　划　万卷书香
主　　编　赵志远
责任编辑　孙　敏
责任校对　曹　静
封面设计　冯紫桐
出　　版　新疆美术摄影出版社
地　　址　乌鲁木齐市西北路 1085 号
邮　　编　830000
发　　行　新华书店
印　　刷　北京佳信达欣艺术印刷有限公司
开　　本　710 mm×1 000 mm　1/16
印　　张　10
字　　数　130 千字
版　　次　2012 年 1 月第 1 版
印　　次　2012 年 1 月第 1 次印刷
书　　号　ISBN 978-7-5469-1972-0
定　　价　19.80 元

目录

奇妙的植物

☆你了解奇妙的植物世界吗 /2
☆你知道这些植物的老家吗 /2
☆你知道这些植物的“化学武器”吗 /3
☆植物也有血型 /4
☆植物的“自卫”/4
☆植物晚上也要睡觉 /5
☆植物一生需要大量水分 /6
☆能预报天气的植物 /6
☆音乐能促进植物生长 /7
☆植物是空气的净化器 /7
☆植物的运动 /8
☆海拔越高植物长得越矮 /9
☆高山植物是指生长在高海拔处的植物吗 /10
☆热带地区的植物颜色鲜艳 /10
☆会螫人的植物 /11
☆水生植物的根茎不易腐烂 /11
☆大多数植物在白天开花 /12
☆植物的花为什么那样绚丽多彩 /13
☆花粉传播谁为媒 /13
☆为什么虫媒花有鲜艳的花被 /14
☆为什么风媒花没有鲜艳的花被 /15
☆有毒的花 /16
☆植物叶子上的叶脉有什么用 /18
☆秋天的红叶 /19
☆植物也会进行相互沟通 /20
☆人能通过观察树干辨别方向 /21
☆植物能探矿 /22

低等植物

☆美丽的硅藻 /24
☆海藻是苔藓植物的祖先吗 /24
☆海带是怎样繁殖的 /25
☆真菌中的大家庭——蘑菇 /25
☆为什么在树林里容易采到蘑菇 /26
☆菇中上品——香菇 /27
☆美味的猴头菌 /27
☆灵　芝 /27
☆木头上长出的木耳 /28
☆苔藓为什么能监测环境污染 /29
☆死而复生的植物 /29
☆著名的山珍——蕨菜 /30

MU LU

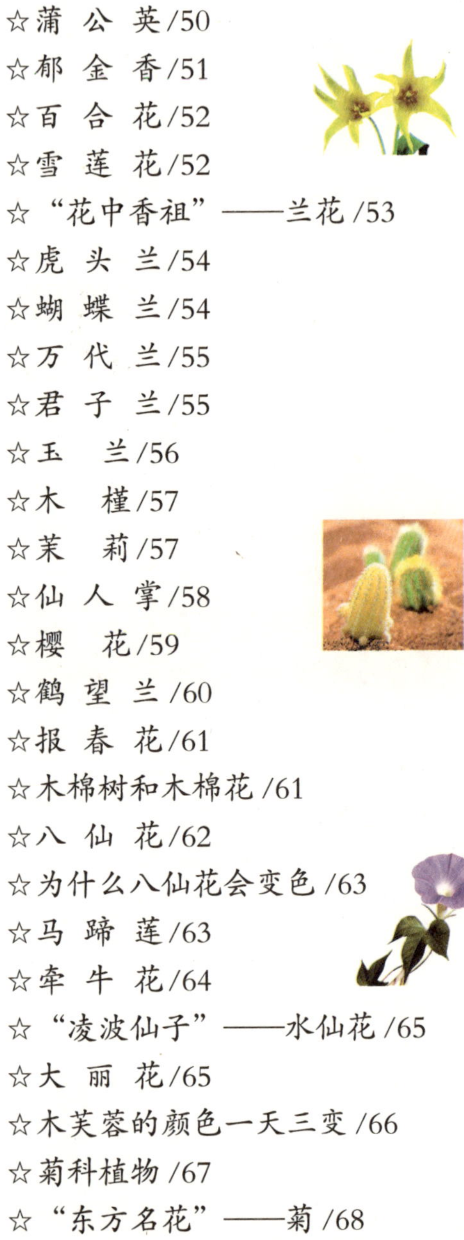

裸子植物

☆松树——北温带森林之母 /32
☆为什么黄山的松树很奇特 /33
☆为什么松树和柏树只结种子 /34
☆为什么松柏类植物冬天不落 /34
☆长寿的柏树 /35
☆“植物中的大熊猫”——银杉 /36
☆化石树——银杏 /36
☆铁树开花 /38

名贵花卉

☆傲雪绽放的梅花 /40
☆象征爱情的玫瑰 /41
☆金秋娇子——桂花 /42
☆红艳的山茶 /42
☆水中芙蓉——荷花 /43
☆睡　莲 /44
☆“花中西施”——杜鹃 /45
☆倒挂金钟 /46
☆“花中贵族”——牡丹 /47
☆象征母爱的康乃馨 /48
☆月季——花中之后 /48
☆美丽圣洁的蔷薇花 /49
☆芍　药 /50
☆蒲 公 英 /50
☆郁 金 香 /51
☆百 合 花 /52
☆雪 莲 花 /52
☆“花中香祖”——兰花 /53
☆虎 头 兰 /54
☆蝴 蝶 兰 /54
☆万 代 兰 /55
☆君 子 兰 /55
☆玉　兰 /56
☆木　槿 /57
☆茉　莉 /57
☆仙 人 掌 /58
☆樱　花 /59
☆鹤 望 兰 /60
☆报 春 花 /61
☆木棉树和木棉花 /61
☆八 仙 花 /62
☆为什么八仙花会变色 /63
☆马 蹄 莲 /63
☆牵 牛 花 /64
☆“凌波仙子”——水仙花 /65
☆大 丽 花 /65
☆木芙蓉的颜色一天三变 /66
☆菊科植物 /67
☆“东方名花”——菊 /68

目录

四季瓜果

☆中华猕猴桃 /70
☆榴　莲 /71
☆草　莓 /71
☆苹　果 /72
☆橄　榄 /73
☆荔　枝 /74
☆香　蕉 /75
☆“热带果王”——芒果 /77
☆菠　萝 /77
☆菠萝蜜——茎花植物 /78
☆柑　橘 /79
☆橘子瓣为什么都连在一起 /80
☆酸甜多汁的杏 /80
☆多汁香甜的梨 /81
☆栽培量最大的果树——葡萄 /82
☆葡萄为什么那样酸 /83
☆为什么甘蔗一头甜 /83
☆瓜中上品——西瓜 /85
☆西瓜果实汁液多 /86
☆甜　瓜 /87
☆长寿果——核桃 /87
☆肾之果——栗子 /88
☆养颜果品——桃 /89
☆无花果没有花吗 /90
☆树花生——腰果 /91
☆铁杆庄稼——柿子 /91
☆樱　桃 /92
☆滋补佳品——大枣 /93
☆“植物维生素之王”——刺梨 /93

特色蔬菜

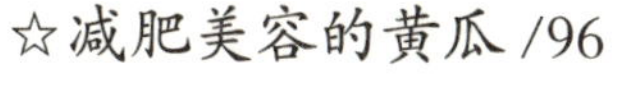

☆减肥美容的黄瓜 /96
☆哪些野菜能够食用 /96
☆为什么胡萝卜富含营养 /97
☆辣椒——营养辣袋 /98
☆保健蔬菜——萝卜 /99
☆为什么萝卜的皮比心儿辣 /100
☆乡村蔬菜——南瓜 /100
☆最好的大众化蔬菜
——马铃薯 /101
☆芹　菜 /102
☆蔬中良药——大蒜 /102
☆卷 心 菜 /103
☆美味佳菜——茄子 /104
☆辛辣蔬菜——大葱 /105
☆菜中之王——菠菜 /105
☆苦味蔬菜——苦瓜 /106
☆为什么洋葱头不易干 /106
☆“金色苹果”——番茄 /107

MU LU

经济作物

☆地上开花、地下结果的花生 /110
☆发霉的花生为什么有毒 /111
☆风行世界的油料作物
——向日葵 /111
☆向日葵为什么总跟着太阳转 /112
☆衣料之源——棉花 /113
☆造纸原料——芦苇 /113
☆在亚洲广泛种植的水稻 /114
☆位列五谷之首的小麦 /115
☆玉米——饲料之王 /115
☆玉米须有什么作用 /116
☆杂交而成的多色玉米 /117
☆为什么甘薯越藏越甜 /117
☆“绿色金子”——茶叶 /118
☆可　可 /119
☆咖　啡 /120
☆香料植物——八角 /120
☆种植历史悠久的油菜 /121
☆“世界油王”——油棕 /122
☆芝麻和芝麻油 /122

树　木

☆为什么树干要长成圆柱形 /124
☆森林中什么时候氧气多 /125
☆榕树独木成林 /126
☆马褂木——鹅掌楸 /127
☆椰 子 树 /127
☆为什么椰树都长
在海边 /129
☆行道树——槐树 /130
☆溢香名树——檀香树 /131
☆城市常见树——柳树 /131
☆泡　桐 /132
☆胡 杨 树 /133
☆箭 毒 木 /134
☆白桦树皮为什么是白色的 /134
☆“气象树”——青冈栎 /135
☆树上能长“面包” /135
☆“鸽子树”——珙桐 /136
☆杨花不是花 /137
☆世界上什么植物最高 /138
☆“万木之王”——巨杉 /138

目录

神奇植物

☆“俊俏的杀手”——瓶子草 /140
☆含羞草真的会害羞吗 /140
☆猪 笼 草 /141
☆捕 蝇 草 /142
☆为什么称浮萍是宝 /142
☆“水上恶魔”——凤眼莲 /143
☆罂 粟 花 /144
☆“胎生”树木 /145
☆“沙漠人参”——肉苁蓉 /146
☆催命索——菟丝子 /147
☆会“流血”的鸡血藤 /148
☆能够清热解毒的黄连 /148
☆开阳固表的黄芪 /149
☆延年益寿的黄精 /149
☆和中解毒的甘草 /150
☆止血良药鸡冠花 /150
☆抗衰老的滋补佳品——枸杞 /151
☆止咳莫忘款冬花 /152

奇妙的植物

QI MIAO DE ZHI WU

☆你了解奇妙的植物世界吗

美丽的地球上，长满了各种各样的植物。原野、田间、山坡、海洋，到处都有植物的踪迹。

绿色植物

没有植物，地球上就没有生命。人类吃的饭、喝的饮料、穿的衣服、用的家具、甚至生病时吃的药，都来自植物。

植物从最小的海洋植物到陆地上的参天大树，都有一个共同的特点：吸收阳光作为能量，这就是光合作用，它主宰着所有植物的命运和成长。

我们现在已经知道40万个植物品种，由于生态环境的恶化，目前已经有近25000种树木、花卉和其他植物面临绝种的危机。这是一个充满阳光和生机的乐土，这也是一个需要我们人人关注和保护的家园。

☆你知道这些植物的老家吗

西瓜：原产非洲南部，五代时，由中亚经“丝绸之路”传入我国。

葡萄：原产于欧洲、西亚和北非一带，汉朝张骞通西域时将其带回中原。

草莓：原产南美洲，14世纪南美人就已开始栽培。近代由俄国引入种植。

石榴：原产波斯一带，我国汉朝引入种植，在晋代开始广泛种植。

核桃：亦称胡桃，原产西亚、南欧一带，传入我国的时间和石榴相近。

辣椒：原产南美洲，明朝时传入我国。最初叫“番椒”，后改为“辣椒”。

西瓜

莴苣

胡萝卜:原产北欧,元代由波斯传入我国云南。

番茄:俗称"西红柿",原产南美洲的秘鲁,当地人称之为"狼桃"。18世纪末传入我国,最初供观赏用,19世纪中期才开始作为蔬菜栽培。

黄瓜:原产印度,晋代传入我国,初称"胡瓜",至唐代改名为"黄瓜"。

菠菜:原产尼泊尔,唐初传入我国,最初叫"菠棱菜",后简称为"菠菜"。

芫荽:又称"香菜",原产地中海沿岸,在汉代经"丝绸之路"传入我国。

莴苣:又叫"莴笋",原产于地中海沿岸,唐初传入我国。

玉米:亦称苞谷、玉麦、玉蜀黍、棒子、珍珠米等。原产美洲,哥伦布发现新大陆后才传到其他国家。明朝中期传入我国。

甘薯:原产美洲的墨西哥、哥伦比亚一带。哥伦布发现新大陆后,逐渐传播到其他各国,明朝中期,由菲律宾传入我国。

芫荽

☆你知道这些植物的"化学武器"吗

紫云英:依仗自己的叶子上丰富的硒去杀伤周围的植物。下雨天气是它杀伤其他植物的有利时机,硒被雨水冲刷、溶解流入土中,毒死与它共同生长的植物,成为小小的一霸。

小叶榆:其分泌物对于葡萄是一种严重的威胁。如果榆树离葡萄很近,葡萄的叶子就会干枯凋萎,果实也结得稀稀拉拉,严重的甚至会死亡。

桃树:叶子会分泌一种"核桃醌"的化学物质,核桃醌偷偷地随雨水流进土壤,如果周围种了苹果树,这种物质对苹果树的根起破坏作用,引起细胞质壁分离,这样,苹果树的根就死了。

狗尾草

植物根部的分泌物，常常又是消灭田间杂草的有力"武器"，如小麦可以强烈地抑制田堇菜的生长；燕麦对狗尾草的生长也有抑制作用；大麻对许多杂草都有抑制作用。

☆植物也有血型

我们都知道，动物是有血型的。那植物有没有血型呢？

植物的确是有血型的。1983年，有个日本妇女夜间在卧室里突然死去，警察赶到现场，无法确定是自杀还是他杀，便化验

李子

血迹。结果，死者的血型是O型，而枕头上的血迹却是AB型。由此看来，似乎是他杀，但是，警察却一直没有找到凶手作案的其他证据。这时，有人提出：这AB型是否同枕心中的荞麦皮有关系？法医山本打开枕套，取出里面的荞麦皮作了化验，意想不到的事情发生了，荞麦皮的"血型"果然是AB型的。这个结果立刻引起了人们的极大兴趣。

山本扩大实验范围，研究了500多种植物的果实和种子，结果发现植物也有各种各样的血型。他发现苹果、草莓、南瓜、萝卜等60种植物的血型是O型；珊瑚树、罗汉松等24种植物的血型是B型；李子、金银花、荞麦等是AB型；只是没有找到血型为A型的植物。

☆植物的"自卫"

有的植物在受到虫兽侵害之后，竟能生产"自卫"的化学武器。这种现象引起了科学家的极大兴趣。

1981年，美国东北部的1000万英亩橡树林，由于舞毒蛾的大量蔓延，橡树叶子被啃得精光。可奇怪得很，第二年那儿的舞毒蛾突然销声匿迹了，橡树叶子恢复了盎然生机。这是怎么一回事呢？森林科学家通过分析橡树叶子化学成分的变化，发现了一个惊人的秘密：在遭受舞毒蛾咬食之前，橡树叶子含有的单宁物质数量不多；

咬食后却大量增加了。吃了含大量单宁的叶子，害虫就会浑身不舒服，行动也变得呆滞起来，这是单宁和害虫胃里蛋白质结合的结果。于是，害虫不是病死就是被鸟类吃掉。

令人费解的是，植物在遭受虫兽侵害后，怎么会立即生产“自卫”的化学武器呢？成片的植物用同一种武器对付害虫，它们之间又是怎样“联络”，共同“约定”的？这些谜还有待于科学家去探索。

橡树果实与橡树叶

☆植物晚上也要睡觉

植物和动物不一样，它们不会运动。但是，植物也是需要休息，需要睡觉的。

高大的合欢树上有许多羽状的叶子，当太阳出来的时候，它们就舒展开来了；夜幕降临时，叶子又会成对地折合。植物的叶子昼开夜合，其实就是植物睡眠的外在表现。

美丽的花朵也需要睡觉。每当旭日东升的时候，睡莲那美丽的花瓣会慢慢舒展开来，用笑脸迎接新的一天；而当夕阳西下时，它便收拢花瓣，进入甜蜜的梦乡，因而人们便称它“睡莲”。

为什么植物晚上要睡觉呢?这是植物为了保护自己，适应周围环境的一种正常反应。植物的叶子在夜间闭合，就可以减少热的散失和水分的蒸发，因而具有保温和保湿的作用。夜间的气温比白天低得多，睡莲的花在晚上闭合，可以防止娇嫩的花蕊不被冻坏。所以，植物晚上睡觉也是进化过程中自然选择的结果。

合欢树

☆植物一生需要大量水分

水是一切生命之源，植物也不例外。植物体含有大量水，其中水生植物含水量最多，可达总重量的98%；陆生草本植物含水量也不少，约占70%～80%；木本植物较少，只占40%～50%。即使是干燥的种子，含水量也有12%左右。

水参与植物体的各种生命活动。植物从土壤中吸收无机盐，必须先溶解在水里，根才能吸收；植物进行光合作用制造有机物，要以水为原料。植物体的一切生命活动离开水都无法正常进行。

植物一生的需水量相当大。一般农作物的需水量，相当于它自身体重的300～800倍。一株玉米，一个夏天要消耗水200千克左右。蔬菜的需水量就更多了。

植物需要的大量水分，都是植物根系从土壤中吸收而来的。其中，能被植物直接利用的水分不到0.2%，其余的99.8%都由叶面蒸发散失到空中去了，这种现象叫做蒸腾。植物通过蒸腾作用，帮助根从土壤中吸收养料，在植物体内形成水流，经茎运输到叶或花果实中。同时叶面因蒸发而发散热量，避免夏日阳光灼伤和体温过高。

水源充足的地方植物可以长得茂盛

☆能预报天气的植物

柳树：如果柳树萌芽时间提前，表明春季温度回升快，气温偏高；萌芽时间推迟，则说明温度回升慢，气温偏低。

含羞草：用手碰一下含羞草，如果它的叶子闭缩得快，张开还原慢，说明天气将连日晴朗；反之，天气将转阴雨。

古柏树：每当久晴转雨或久雨转晴，古柏树树枝上都会冒出青烟，向人们预报天气的变化。

苔藓：在大雨之前，由于气压剧降，水

苔藓

面上压力减小，河塘底的苔藓就会浮出水面。所以，农谚有“水底泛青苔，必有大雨来”的说法。

桐油树：初生花蕾呈红色，预示当年将会干旱；花蕾呈白色，预示夏天雨水多；树叶落得早，预示冬天来得早。

☆音乐能促进植物生长

十多年来，国内外许多科学家对音乐促进植物成长做了大量实验，答案是肯定的。我国科学家在实验时发现，苹果树筛管中的有机养料输送速度平时每小时只有几厘米，而在钢琴声的影响下，每小时可以输送1米以上。美国农业科学家还发现，利用音乐可以帮助温室里的植物授粉。原因在于音乐能使空气有节奏地流动，花粉随着空气的流动而飘落，这种授粉法称为“音媒授粉法”。

为什么音乐能促进植物成长呢？这是因为有节奏的声波——音乐，对植物细胞产生的机械刺激，能使细胞内的养料受到振荡而分解，从而更好地输送，加速细胞的分裂，这样就助长了植物的生长发育。

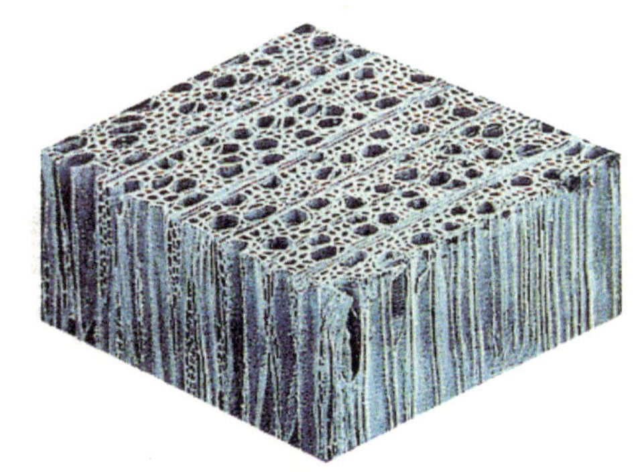
木材的立体结构

☆植物是空气的净化器

人在维持生命的过程中，必须吸进氧气和呼出二氧化碳。当空气中的二氧化碳浓度过高时，人的呼吸就会感到困难或不舒适，甚至可能中毒。绿色植物是地球上惟一能利用太阳光合成有机物的，又是地球上二氧化碳的吸收器和氧气的制造工厂。

植物除了对空气中的二氧化碳有吸

刺槐

收、清除作用以外，对空气中的二氧化硫、氯气和氟化氢等有害气体，也有一定的吸收能力。例如，1公顷的柳杉林，每年可吸收二氧化硫720千克；259平方千米的紫花苜蓿，每年可减少空气中的二氧化硫600吨以上；1公顷银桦林，每年可吸收11.8千克氟化氢；1公顷刺槐林，每年可吸收42千克氯气。

植物对放射性物质不但具有阻隔其传播的作用，而且还可以起到过滤和吸收

云杉树林

的作用。例如在美国，科学家曾用不同剂量的中子和射线混合辐射5片栎树林，发现树木可以吸收一定量的放射性物质而不影响树木的生长，从而净化空气。

☆植物的运动

说到运动，人们总认为只有人和动物才能运动。其实，植物也会运动，只不过运

含羞草

动得不明显，不易被察觉罢了。据科研人员研究发现，一些植物能做以下几方面的运动：

植物有向光性运动。如果在室内窗前摆几盆花或是刚长出来的小苗，我们便会发现，这些花都向窗外生长。

植物有向地性运动。例如，根总是向地下生长，这叫正向地性；茎总是向上生长，这叫负向地性。

植物有向化性运动。如果在盆中、花坛中施肥或浇水不均匀，那么肥多的地方根就多，较湿润的地方根也多，这是根对化学物质的反应。

植物有感性运动。例如含羞草，只要有人用手一动它的小叶，叶片立刻合拢；如果刺激大些，那么全株的小叶都会合起来，连叶柄都会下垂，这就是感震性运动。

植物还有一种感夜运动。如合欢等豆科植物，白天叶子张开，充分接收太阳光进行光合作用，而到了夜晚，叶柄下垂，叶子合拢在一起。这是由于光强度的变化而引起的运动。这种昼开夜合的运动还告诉人们：花卉在健壮地生长。

植物的根向下生长

☆海拔越高植物长得越矮

你注意过没有，爬山的时候，人越往山上走，植物就越矮。山脚下还是林木挺拔茂盛，可到了高山顶上，植物却变得很矮，有的呈莲座状。你知道这是为什么吗？

根据植物学理论，植物的生长除了与本身有关外，与周围的环境也有很大的关系。尤其是阳光的照射对植物的生长有很大的影响。太阳光中的紫外线虽然大部分被臭氧层吸收了，但还有一少部分到达地面，特别是在高山上，紫外线还是比较强的。由于紫外线能抑制植物茎的伸长，所以很多高山植物比较矮。

高山植物比较矮

其次，山顶海拔比较高，气温也随海拔升高而降低。由于低温不利于植物生长发育，而植物比较矮有利于保温；高山土壤比较疏松，地势比较陡，土壤中的营养物质容易被雨水冲走，土壤比较贫瘠，植物由于得不到充足的养分，从而影响了生长发育；此外，高山上风特别大，为了防止被风吹倒，植物的茎也会向缩短的趋势发展。

☆高山植物是指生长在高海拔处的植物吗

高山植物是指分布在高海拔的高山和平原上、适应高寒环境的植物。例如分布于中国云南西部和西藏雪山的雪莲、贝母等。高山植物的花大都色彩鲜艳，惹人注目，难怪世界各国的人们对其另眼相看。

苞叶雪莲是一种高山植物

高山植物并非生来就喜欢恶劣的环境，只是由于它们耐低温，抗强风，才得以生长在其他植物无法生存的地方。

正是由于具有上述特性，高山植物在平地便处于劣势，越是环境优越的地方，它越是不如其他植物茁壮。可见，气候条件要比海拔高度更为重要。例如日本的某种高山植物，在本州中部多见于海拔2500米以上的高山上，在东北地方则生长在海拔2000米处，而在北海道或千岛群岛却又偶见于海岸附近。

☆热带地区的植物颜色鲜艳

热带地区的植物的确比温带、寒带地区的植物颜色鲜艳，这到底是为什么呢？目前还不十分清楚。

以前有不少似乎合乎道理的说法。例如，有的说是热带地区紫外线多；有的说是热带地区温度高。但经过仔细调查，其理由都不十分充分。

即使以上所说是有道理的，但还是不知道为什么在那种情况下颜色就鲜艳。

生长在墨西哥热带沙漠中的仙人掌

热带地区的植物颜色鲜艳恐怕是多种原因造成的，把它简单地归结成一两种原因是很勉强的。

本来，颜色鲜艳的生物容易被敌人发觉，因此有许多生物尽量使自身的颜色平淡，以保护自己免遭敌害。但是，不知为什么热带地区却有那么多鲜艳夺目的生物。

对于我们司空见惯的生物，还有许多弄不懂的问题，有待于我们去探索、研究。

荨麻

☆会螫人的植物

大家都知道蜜蜂、大马蜂、蝎子等，它们螫人的武器是尾部的针刺和毒囊。但是你是否知道，有些植物也会螫人。荨麻、大蝎子草等草本植物以及台湾的咬人狗、海南的火麻树等，这类植物的茎叶都具有尖利的刺毛，刺毛触及人或牲畜的皮肤，十分痛痒难受，有的甚至会引起儿童或幼畜的死亡。

为什么这些螫人的植物的刺毛会那么厉害？原来，它们既有针刺，也有分泌毒液的机关。这些植物利用这些手段来抵御大自然的逆境，或阻止动物的伤害。

蝎子草把毒素和刺毛这两种防御武器相结合，产生了更为有效的自身防护。蝎子草叶子上有许多刺毛，谁要侵害它，它就毫不客气地戳入“入侵者”体内，同时注入蚁酸、醋酸、酪酸等混合毒液，使“入侵者”疼痛难忍。

我国有多种会螫人的植物，人们要特别留神，千万别被它们伤害了。万一被螫伤，那得赶快用肥皂水冲洗或在伤处涂抹碳酸氢钠溶液。如果皮肤痛痒被抓破，可用浓茶或鞣酸湿敷伤口，以防止感染。

☆水生植物的根茎不易腐烂

我们知道，一般植物浇水过多或排水不良，都会造成根茎腐烂。可水生植物总泡在水里，它的根茎为什么不会腐烂呢？

根茎腐烂的原因不在于水的多少，而在于能否得到足够的氧气。水中的氧和氮是很少的，满足不了一般植物的需要。而在大量浇水以后，水里的氧气还要被土壤中的微生物吸收一部分。当土壤里没

水生植物

有了氧气以后，土壤里的微生物会变得非常活跃，能制造出对植物有害的硫化氢等无机化合物，而且植物的根茎上也会滋生病原菌。因此，植物的根茎就烂了。而水生植物适应了水中生活，它的根茎能够吸收水中的氧气，即使在氧气很少的情况下，也能进行正常的呼吸，所以根茎就不易腐烂了。

☆大多数植物在白天开花

大多数植物的花，都是在太阳出来以后才开放的，在傍晚或夜间开花的只是少数。清晨，在阳光下，花的表皮细胞内的膨胀压加大，上表皮细胞(花瓣内侧)又比下表皮细胞(花瓣外侧)生长快，于是花瓣就向外弯曲，花朵就开放了。经过一天的风吹日晒，植株的蒸腾量加大，花朵表皮细胞内的水分丧失很多，花由于膨胀压的降低而萎谢。夜间，由于气温降低，湿度增大，植物从根部吸收的水分使花表皮细胞内的膨胀压恢复，植物在第二天继续开花。

在白天的阳光下，花瓣内的芳香油易于挥发，能吸引许多昆虫前来采蜜，为它们传粉，有利于植物的结籽和传宗接代。白天开花的植物，主要是依靠蜜蜂和蝴蝶进行传粉的。蜜蜂“上工”最早，那些靠蜜蜂传粉的花便先敞开花朵来欢迎它们，如唇形科的一串红和玄参科的金鱼草等；蝴蝶要到上午九十点钟才翩翩起舞，依靠蝴蝶传粉的花便在九十点钟以后开放。

所以，植物在白天开花，是长期适应外界生活环境而形成的一种遗传特性。

蜜蜂喜欢白天采蜜

☆植物的花为什么那样绚丽多彩

植物的花主要有白、黄、红、蓝、紫、绿、橙、褐八种颜色，如果加上它们相间、混合的颜色，那就会有千百万种。

郁金香

花有这么多颜色，主要是由于花瓣里含有花青素、类胡萝卜素等色素和黄酮化合物。花青素在酸性条件下，呈现红颜色，酸性越强，颜色越红；在碱性条件下，它呈现蓝色，碱性较强时，则变成蓝黑色；在中性条件下，它呈现紫色。类胡萝卜素有的呈黄色(如黄玫瑰)，有的呈桔红色(如金盏花)，有的呈红色(如郁金香)。白花的花瓣中不含任何色素，但白花瓣的细胞之间有许多气泡，可以把各种光波反射出来，所以呈白色。绿花里含叶绿素，如绿荷。事实上，一种花表现出来的颜色，往往是多种色素共同作用的结果，就像在调色板上调色一样。此外，天气、温度等的变化，对花的颜色变化也有一定影响。

☆花粉传播谁为媒

蜜蜂为花朵授粉

在有花植物中，约80%的植物都是靠昆虫来联姻的。这些植物由于长期适应昆虫授粉，各自都有一套独特的本领和设备。例如有色彩艳丽的花冠，芳香四溢的气味，以及甘甜味美的花蜜。花蜜含有多种糖类、氨基酸和少量矿物质等，营养极为丰富，也是昆虫最喜爱的食品。昆虫访花是为了吸取花蜜和采集花粉，它们要探身钻到花的里面。这样，大量的花粉便粘附在昆虫身上，从一朵花带到另一朵花的柱头

蝴蝶也为花朵授粉

上，达到了传授花粉的目的。

有些植物的花粉是靠风来帮助传授的。这些风媒植物的花很不显眼，既无艳丽的花被，又无甘甜的花蜜，只有靠产生大量的花粉，如一株玉米的雄花序可产生5000万粒花粉。另外，这类花粉的身体轻盈，表面光滑，有的长有两个气囊，随风飘游到很远的地方，例如松树花粉可飞越600多千米。

许多生长在水中的有花植物，它们只得靠水来帮助授粉了。例如水鳖科的苦草和黑藻，是雌雄异株的植物。通常雌株长有一个长长的花柄，把雌花托出水面；雄花一旦成熟，从花柄脱落，花粉依附在花的碎片上，浮在水面，四处漂流，如遇雌花，随即授粉。

有些植物依靠鸟类或某些哺乳动物作为传递花粉的媒介，在澳大利亚、南美洲、中美洲及爪哇等地常可见到。例如蜂鸟，它在采集蜜囊花的蜜汁时，长长的嘴甚至整个身子都会钻进花里。在自然界中，还有蝙蝠、松鼠、老鼠，甚至猿猴，都能为花的联姻起到牵线搭桥的作用。

蜂鸟吸食帮助花朵授粉

☆为什么虫媒花有鲜艳的花被

我们知道，被子植物开花结果产生后代，都必须经过授粉过程。靠昆虫授粉的花，叫虫媒花。

常见的菊花、蔷薇花、南瓜花等，都是虫媒花，虫媒花一般花都较大，花被发达，有美丽的颜色，花瓣里含有油细胞，能制造出芳香油来，散发阵阵香味，花中有蜜腺能分泌甜美的蜜汁。虫媒花的花粉一般体积较大，表面粗糙，具有粘性，容易粘在昆虫身上。

南瓜花

自然界中白、黄、红三种颜色的花最多，并且都具有香味。各种颜色花瓣，配上绿色叶子，更加绚丽多彩，惹人注目，容易被昆虫发现，难怪花前蜂飞蝶舞。

昆虫采蜜授粉，有一种特殊习性，就是经常采同一种植物的花朵，这种习性有利于保证同种植物间的授粉和繁殖后代。昆虫授粉经济可靠，比风要好得多。若把花粉交给风去传播，花粉落在何处，就只好听天由命了。

由于昆虫种类习性不同，采花的种类也不一样，这样在花与昆虫的相互合作，相互适应，相互选择的过程中，虫媒花便形成如今的多姿多彩和种类繁多的样子。例如，金鱼草的花，它为假面状花冠，上下唇在一处紧密闭合，蜜腺和雌蕊雄蕊都闭锁在花筒里。这样的结构，如果昆虫太小，就不能踏开下唇，进入花内；如果昆虫太大，虽然能踏开下唇，但进不到花筒里面。所以它平时总是闭合着，等到为它传粉的小蜂到来，才能踏开下唇，进入花筒，为它传粉。真是“天作之合”！

☆为什么风媒花没有鲜艳的花被

植物的花靠风来传授花粉，叫风媒花。

风媒花一般是小型的，既无鲜艳的花被，也没有醉人的清香，花冠退化甚至完全消失。它们的雄蕊有较大的花药和细长的花丝。花丝把花粉送到花的外面，雌蕊的柱头呈羽毛状，也伸在花的外面。这样的结构有利于传粉和授粉。风媒花的花粉又轻又小又多，但成功率却非常低。

花粉靠风传播浪费惊人，有人研究过，两朵相距2.5千米的花，借风力授粉，平均1440粒花粉中，只有一粒能传到雌花的柱头上。

风媒传粉不如虫媒传粉经济可靠。但风媒植物不用生长鲜艳的大花、花蜜和香味来招引昆虫和充作昆虫食物，节省下来的养料可以弥补因生产过多花粉所造成的损失。

榛木授粉

在风力帮助下，风媒花的花粉像云雾一样可以带到几十千米甚至几百千米的地方，使相隔很远的同种个体有了异花受精的充分机会，因而能产生充满活力和适应力强的后代。风媒植物约占有花植物种类的1/5，证明这种繁殖方式也是非常成功的。

☆有毒的花

有许多花卉外表鲜艳美丽，但它却对人体有害，在日常生活中，我们要多加注意。

夜来香在夜间停止光合作用，排出大量废气，对人体健康不利。长期将其摆放在客厅或卧室内，会引起人头昏、咳嗽，甚至气喘、失眠。此外，高血压和心脏病患者还会感到烦躁不安。

郁金香花中含有毒素，人在这种花丛中呆上两小时就会头昏脑胀，出现中毒症状，接触的时间越长中毒越深，严重者可能毛发脱落。

夹竹桃每年春、夏、秋三季开花，有黄、白、红三种颜色，观赏价值较高。但它的茎、叶乃至花朵都有毒，它分泌的乳白色汁液含有一种夹竹桃苷，误食会中毒。

水仙花鳞茎内含有拉丁可毒素，误食后会引起呕吐、肠炎，它的叶和花的汁液可使皮肤红肿，特别当心不要把这种汁液弄到眼睛里。

杜鹃花中的黄色杜鹃的植株和花内均含有毒素，误食后就会引起中毒。白色杜鹃的花中含有四环二萜类毒素，中毒后引起呕吐、呼吸困难、四肢麻木。

一品红全株都有毒，其白色乳汁能刺激皮肤红肿，引起过敏性反应，误食茎、叶

郁金香

一品红

会有中毒死亡的危险。

马蹄莲有毒，内含大量草酸钙结晶和生物碱等，误食后会引起昏迷的中毒症状。

虞美人全株有毒，内含有毒生物碱，尤其是果实，毒性最大，误食后会引起中枢神经系统中毒，严重的还可能危及生命。

白花曼陀罗原产于印度，近年来我国各地均有栽培，植株有毒，果实有剧毒。《本草纲目》中记载，白花曼陀罗的花，如

南天竹

用酒吞服，会使人发笑，有麻醉作用。

五色梅的花和叶均有毒，误食后会引起腹泻、发烧等症状。

万年青的花和叶内含有草酸和天门冬素，误食后会引起口腔、咽喉、食道、胃肠肿痛，甚至伤害声带，使人变哑。

南天竹又名天竺，全株有毒，主要含天竹碱、天竹苷等，误食后会引起全身抽搐、痉挛、昏迷等中毒症状。

五色梅

含羞草内含有含羞草碱，接触过多会引起眉毛稀疏、毛发变黄，严重者还会引起毛发脱落。

飞燕草又名菌卜花，全株有毒。种子毒性更大，主要含有萜生物质碱，误食后会引起神经系统中毒，严重时则会发生痉挛、呼吸衰竭而死。

仙人掌

紫藤的叶子与茎皮均有毒。种子内含金雀花碱,误食后会引起呕吐、腹泻等症状。

石蒜全株有毒,内含石蒜生物碱。误食后会引起呕吐、腹泻,严重者则会发生语言障碍、口鼻出血、手脚发冷,甚至休克死亡。

麦仙翁夏季开花,全株有剧毒。它的适应性很强,能自播繁殖,生长旺盛。人们切勿用手触摸。

仙人掌类植物的刺内含有毒汁。人体被刺后容易引起皮肤红肿疼痛、瘙痒等过敏性症状。

紫藤

☆植物叶子上的叶脉有什么用

叶脉

植物的叶子上都有各种形状的纹络,这些纹络有的平行延伸,如稻子的叶,有的是扇状的,如银杏的叶,而大部分植物则是网状的。这些纹络就是叶脉。

也许你会问:叶脉究竟有什么用处呢?可不要小瞧叶脉,它的用处很大,它是养分的运输通道。植物的根从土壤里吸收

枫树叶的叶脉

的水和氮、磷、钾等养料，必须输送到身体各处去。养料从根部先到达茎，再通过叶柄，到达叶脉；同时，叶子也在制造养料，在阳光的帮助下，叶子里的叶绿素和由气孔吸入的二氧化碳共同合作，制造出糖类来，这些糖类就由叶脉传到叶柄，再到茎，被输送到身体各处去。所以说叶脉是输送水和养料的一部分管道，它和茎、叶柄一起完成植物营养的运输任务，就像我们浑身布满的血管那样重要。

叶脉还是叶子的“骨骼”，支撑着叶子，让植物的叶子显示出勃勃生机。否则的话，整个植物就显得无精打采了。

龟背竹的叶脉

☆秋天的红叶

秋天，许多树木要落叶，在落叶前叶子往往变成黄色，更有少数树种如枫树、乌桕、黄栌、槭树等的叶子变成猩红色，叫做“红叶”。自古以来，人们写下了不少赞美红叶的诗章，有的称“霜叶红于二月花”，有的赞“乌桕犹争夕照红”。的确，红叶是很美丽的，那么，红叶又是如何形成的呢？

红叶

原来，在植物的叶子里，含有许多天然色素，如叶绿素、叶黄素、花青素和胡萝卜素等。在阳光照射下，叶绿素能利用水和二氧化碳制造养料，供给植物生长需要。春夏季节，阳光和水分都很充足，植物生长旺盛，叶绿素非常活跃，颜色较深，便把其他色素的颜色遮掩了，因此总是绿树成荫，苍翠欲滴。可是，到了秋天，气温降低，为了同寒冷、干旱作斗争，有的叶子开始凋落，有的叶子叶绿素被破坏而逐渐消失。这时候，黄色的叶黄素、黄色或橙色的类胡萝卜素趁机“抛头露面”，绿叶变成了黄叶。在强光、低温、干旱的条件下，红色的花青素激增，存在于树叶的表面细胞中，遇到阳光多于叶黄素时，树叶便变成艳丽的红色了。

北京西山以红叶著称，每当秋高气爽的季节，前去观赏的人总会络绎不绝，满山的红叶让人陶醉不已。据统计，叶子能够变红的树木约有几千种。

北京香山的红叶

☆植物也会进行相互沟通

我们都知道，动物之间会通过形体动作和发声进行沟通，但你知道吗？植物之间居然也会互通信息。

美国两位生物学家在西雅图附近的一处森林里，进行了多年的实地考察。他们发现，柳树的一部分叶子遭到害虫噬咬后，整棵树叶子的化学成分就会发生变化，其中可供害虫消化吸收的营养成分减少了，而令害虫无法消化的化学物质增加了。这么一来，叶子变得非常难吃，害虫便大倒胃口，望而生畏了。而且，一棵柳树遭到害虫侵袭的时候，周围其他一些尚未遭到害虫侵袭的柳树叶子的化学成分也发生了同样的变化。

柳树之间是怎样互通信息的呢？树木之间的“通信”是通过空气进行的。受到害虫侵袭的树木发出的化学物质，是通过空气散发开去的，它落到别的树上时，便可以通知其他伙伴。不过，这其中的奥妙还有待科学家进一步研究。

柳树通过空气互通信息

植物的蜜腺有什么作用

蜜腺是植物分泌蜜汁的外分泌组织。由表皮细胞转化而来。蜜汁能引诱昆虫传授花粉，是植物对虫媒的一种适应。有些植物没有昆虫的帮忙就授不了粉，结不了种子。

植物经过光合作用能制造出许多碳水化合物，供其自由使用。因此，对这些植物来说，从蜜腺中分泌出一些糖来可不是什么难事。

植物在进化过程中，不知不觉地长出了“蜜腺”。这对于植物的生长没什么不利之处。

☆人能通过观察树干辨别方向

植物生长需要阳光、水和养料三大条件。阳光对植物的生长是很重要的，而且就一株植物来说，也是受光照多的部位（一般为南侧）要比受光照少的部位长得繁茂。

在植物茎内有纵向的管子，名叫维管束。植物体内的水分、养料等就是通过维管束输送到各部分去的。在植物长得茂盛的一侧，维管束能更多地输送养分，所以，植物的茎也往往是向阳的这一面较粗。不过，这种差别是很有限的，不会比其他地方粗几倍。

树的种类不同，树干南侧粗的程度也会大不相同。我们要通过树干辨别方向，需要有一定的经验才行。

你仔细看一下树墩子上的年轮，就会发现南侧比其他部位的年轮厚。

通过观察树干可以辨别方向

树墩

☆植物能探矿

植物在新陈代谢和生长发育过程中，特别需要某种矿物。它们常常会形成发达的根系，深深扎入地下，去寻找这些矿物元素。有些植物在吸收金属离子后改变了细胞液的酸碱度，导致植物正常花色的改变，从而对寻找矿藏起到指示作用，它们成了地质学家找矿的“侦察兵”。例如：在含锌的土壤中，三色堇长得特别茂盛，它的圆形花瓣上，每朵花有蓝白黄三色，色彩变得更加鲜艳；有人在美丽的七瓣莲的指引下找到了锡矿；根据一种开浅红色花的紫云英发现了铀矿；而蓝色的野玫瑰能够指示铜矿埋藏的地方。

一些植物的生长姿态也有指示意义。例如青蒿在一般的土壤中长得相当高大，但会随土壤中含硼量的变化而成为“矮老头”。更为有趣的是有的树木出现一种“巨树症”，树枝伸得比树干还长，而叶子却小得可怜。这种畸形是由于吸收了地下埋藏的石油而形成的，因此成了油田的指示植物。

三色堇

低等植物

DI DENG ZHI WU

☆美丽的硅藻

硅藻是由它们的细胞壁含有大量的结晶硅而得名。硅藻的形体犹如一个盒子,它由一大一小的两个半片硅质壳套在一起。在显微镜下,壳的表面纹饰真是一个巧夺天工的万花筒世界:有的花纹左右对称或辐射对称。花纹的形状有肋条形、乳头形及凹陷等,非常美丽。单细胞的硅藻为圆盒形、六角形、多角形等。硅藻还可借助胶质粘结成群体,形态同样迷人,如有扇形、链条状、星状等,真是千姿百态、美不胜收。

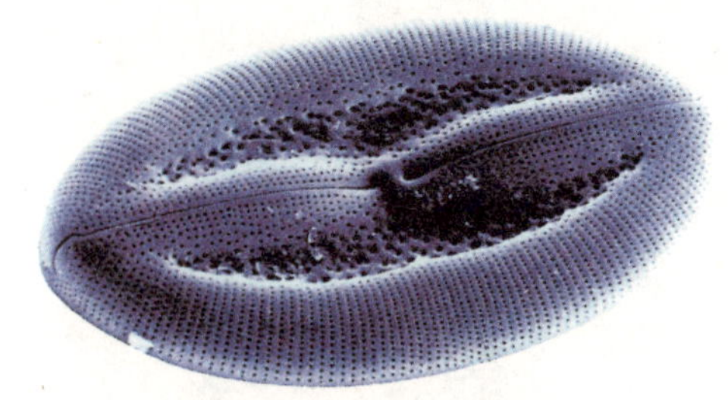
硅藻

硅藻约有 8000 余种,分布广泛,是海河湖泊中浮游植物的重要成员,它们对渔业及海洋养殖业的发展起了至关重要的作用。大量硅藻遗骸沉积海底形成的硅藻土,在工业上有很大用途,而化石硅藻在石油的形成和富集中做出了重要贡献。美丽的硅藻还为工艺美术、纺织印染及食品工艺提供了大量的参考图案。

☆海藻是苔藓植物的祖先吗

红藻是藻类植物的一大类,大都生长在海里,形状大小不一,含有叶绿素、类胡萝卜素和藻红素。植物体呈红色或紫色,含有较丰富的胶质。紫菜、石花菜、发菜等都属于红藻类植物。

水中的绿藻

绿藻是藻类植物的一门,生长在淡水、海水或湿地、树干上,由单细胞或多细胞组成。如水绵、绿紫菜。

一般认为苔藓、树和草的祖先都是这种绿藻类植物。

人们认为,红藻、绿藻和海带、马尾藻等褐色海藻以及生长在河、湖、海中的皂藻,都是从其他祖先分别进化而来的。

几千年前,人类就调查了各种藻类植物并为它们定了名。但那时的人们也许还不知道苔藓和水草是截然不同的两大类植物。这正如昆虫和蛔虫一样,它们虽然都叫“虫”,但它们的种类是截然不同的。

☆海带是怎样繁殖的

海带

海带是海里的藻类植物,被称为“海底森林”,生长在海底。你吃过海带吗?那你知道海带是怎样繁殖的吗?海带与陆地上的花草不同,它有假根,但并不是用来吸取养料的,而是为了能使海带固定在岩石上,所以又称作固着器。

海带既没有茎,也没有枝,全身就是一条长长的“叶子”。更有趣的是,海带并不会开花结实,但是也能繁殖。

它的繁殖方法奇特——先在“叶子”上长出许多口袋一样的孢子囊,囊里有许多孢子。海带成熟时,孢子囊破裂,里头的孢子就出来了,用长在一侧的两根鞭毛在海里游泳。当它们落在海底的岩石上,在合适的条件下,就会发芽长成一条新海带。

☆真菌中的大家庭——蘑菇

夏秋季节,当你漫步在山林、草原和旷野中,常常会在树干、腐烂的枝叶、草丛、地上或粪土上发现自然生长着伞状的肉质真菌,人们把它们统称为蘑菇。它们颜色、形态各异,有的单个生长,有的呈丛状,有的群生成片,有的在草原上形成半径约1米大的蘑菇圈。

蘑菇是一类大型高等真菌,在真菌中也算是一个大家庭,世界上已知的有900属、12000多种。在有性生殖中形成担子和担孢子是它们的主要特征。我们将担子果称作蘑菇。

我国是世界上蘑菇资源最丰富的国家之一。中国人食用蘑菇已有六七千年的历史,现在已查明可食蘑菇有数百种。蘑菇味美而营养丰富,蛋白质的含量高于各

金针菇

种蔬菜，并含有糖类、脂肪、矿物质、维生素及多种氨基酸等，是人们餐桌上延年益寿的美味佳肴。

另一类蘑菇中含有有毒物质。全世界毒蘑菇约150多种，中国已知近100种，极毒的有10多种。蘑菇中有的致命率达90%以上；有的可引起“小人国幻视症”；有的引起精神反常，如跳舞、唱歌、大声狂笑或有奇妙的幻视症；有的引起呕吐、腹痛腹泻；有的引起急性溶血或怕光。因此，夏秋湿润多雨的季节，采食蘑菇要特别注意对毒菇的识别。

毒蝇伞蘑菇

它是一种极毒的蘑菇，把它和牛奶、糖混合在一起，能诱杀苍蝇。它广泛分布于北温带的桦树林、松树林中的砂质土中。

☆为什么在树林里容易采到蘑菇

蘑菇是真菌类植物，属担子菌纲伞菌目。我们所说的蘑菇都是食用真菌类植物，有发达的菌丝和子实体，食用部分是发达的子实体。蘑菇种类繁多，多是腐生型植物，但也有少数蘑菇是寄生型植物，如可以生活在活树上的木生蘑菇。因此，蘑菇都是异养型植物。它们不含叶绿体，不能进行光合作用，也就是说，它们的生活环境不需要光照，一般生活在有机质丰富、潮湿的环境中。因此，树林是极好的适应蘑菇生长的环境。在山坡阴面的草丛、灌木、乔木树下，都是蘑菇比较理想的生活环境。因此，在这些地方容易采到蘑菇。

根据蘑菇对生长基质的要求，可分为三种：土生蘑菇、木生蘑菇和草生蘑菇。蘑菇种类繁多，其中有些是有毒的，如毒伞、花褶伞、狗尿苔等。因此，没有弄清蘑菇的种类之前，不可随便食用。

蘑菇

☆菇中上品——香菇

香菇又名冬菇,是一种营养丰富、肉质脆嫩、香味浓郁的食用菌,堪称食用菌中的上品。目前,世界上香菇栽培最多的是日本,产量居世界首位,它是日本最主要的出口农产品之一。

我国是世界上最早栽培香菇的国家,已有700多年的历史。香菇的蛋白质含量很高。食用时口感脆嫩,味道鲜美。现有数十种名菜配料都离不开香菇。常吃香菇能预防感冒、肝硬化,还能消除血毒、降低胆固醇、预防小儿佝偻病等。

花香菇

☆美味的猴头菌

猴头菌是一种著名的美味食用菌。猴头菌的子实体有点儿像猴子的头,所以叫猴头菌。

野生猴头菌盛产于黑龙江省的大小兴安岭,生于柞树、胡桃的腐木及立木的受伤处。20世纪60年代人工栽培成功。猴头菌含有丰富的蛋白质和其他营养物质,肉质黄白,味道鲜美。它味甘性平、助消化,内含多种氨基酸以及多肽、多糖、脂肪等,对胃病及十二指肠溃疡等病有一定疗效。近年来发现它含有抗癌物质,对消化道肿瘤有较好的疗效,同时又可以治神经衰弱、消化不良等慢性疾病。

猴头菌

☆灵　芝

灵芝是一种腐生的真菌,它不含叶绿素,没有根、茎、叶,大多生长在阔叶林树桩和腐朽的树木上,主要分布在亚热带和热带雨林地区。灵芝喜温、湿,要求通气和适当的阳光。其菌伞多肾形和半圆形,红褐色,皮壳有漆状光泽,伞顶可见云纹、小孔和放射状皱纹。云纹每年长一圈,依其圈数可知其年龄。菌伞内有单层或多层

灵芝

管。菌柄长在灵芝侧面，柄长约10厘米，呈紫红色，有光泽。其孢子呈卵形、褐色，在条件适应时即可繁殖成灵芝。灵芝的寿命一般为1～2年，极少活多年的。

灵芝可以入药。在365种药物中，灵芝被列为上品。它有益气、坚筋骨、健脑安神、消炎利尿、滋补强壮等功效，对慢性支气管炎、冠心病、高血压有不同程度的疗效，有抗癌、防止癌细胞转移、消除剧痛的功效。

人工栽培的灵芝

☆木头上长出的木耳

黑木耳是一种腐生性真菌，其作为食品已有上千年的历史。我国是黑木耳的主要产地，产量和质量都居世界首位，主要产区分布在广西、云南、贵州、四川、湖北、黑龙江等地。亚洲的部分国家和地区也有生产。黑木耳的子实体侧生在木头上，仿佛人的耳朵一般，所以被称为木耳。它的营养器官菌丝体无色透明，繁殖器官称子实体即为食用部分。新鲜木耳为胶质状，半透明，深褐色或黄褐色，有单片和多片之分，耳状或贝壳状。

木耳

黑木耳香脆爽滑、鲜嫩可口，是一种很受人们欢迎的食药兼用的真菌。它含有丰富的蛋白质、脂肪、维生素及钙、磷、钾、铁等矿物质。黑木耳具有清肺益气、补血活血、镇静止痛等功效，是我国传统的药用食品。

☆苔藓为什么能监测环境污染

随着现代工业的发展，向大气中排放的有害物质，特别是有毒气体越来越多。如果不及时处理，就会造成空气污染。有些植物是天然的环境监测能手，能给人类提供准确的信息。

人们在观察中发现，不少植物对于有害气体的反应极为敏感。空气被污染以后，受害轻的植物叶子上面会出现伤斑，绿色稍微变浅；受害重的，叶绿素很快被破坏掉，叶子变黄、枯萎，随之整株植物死去。

树根青苔

在植物当中，苔藓和地衣类植物对空气污染反应最敏感。苔藓植物属于高等植物中比较低等的一类，它们分布的地区很广，只要是阴湿的环境，都可以找到它们。大多数苔藓的构造都很简单，叶片一般是单层细胞，没有保护层，有害气体很容易直接侵入细胞里。只要空气中二氧化硫的浓度超过千万分之五，苔藓的叶子就变成黄色或黑褐色，几十个小时后，有的苔藓植物就干枯死亡了。于是，人们就利用苔藓植物的这一特性，监测环境污染。

☆死而复生的植物

你听说过有一种能死而复生的植物吗？蕨类植物中的卷柏就有这种本领。将采到的卷柏存放起来，叶子因干燥而卷缩成拳状，猛一看，似乎已经死了。可是，一旦遇到水分，它又可以还阳“复活”，卷缩的叶子又重新展开。如果把它栽在花盆里，过一段时间又可长出新叶。

卷柏并不大，高不过5~10厘米。主茎短而直立，顶端丛生小枝，地下长有须根，扎入石缝中间，远远看去很像一个个小小的莲座。卷柏为什么具有死而复生的本领呢？

由于生活在干燥岩石缝里的卷柏，很难得到充足的水分，因此它们具有体内含水量极低的特点。即使体内的含水量降到5%以下，它们照样可以生活。卷柏遇到干旱的季节，枝条便卷缩成团，不再伸展。雨季一到，卷枝即刻展开，又可继续生长。经科学家研究发现，卷柏细胞的原生质耐干燥，脱水的性能比其他植物强。一般的植物经不起长期干旱，细胞的原生质长期脱水而无法恢复原状，细胞就因此而干死。卷柏则不同于一般植物，干燥时枝条卷缩，体内含水量降低，获得水的滋养以后原生质又可恢复正常活动，于是，枝条重新展开，再显出生机勃勃的样子来。

卷柏

☆著名的山珍——蕨菜

蕨菜

蕨类植物中有许多可以食用的种类，最著名的是被誉为“山珍”的蕨菜。中国人食用蕨菜的历史可以追溯到2000多年以前，在《诗经 · 召南》中就有“陟彼南山，言采其蕨”的诗句。

蕨广泛分布在温带地区，是一种喜光植物，常生长在稀疏的林中或开阔的山野上，在森林砍伐后的草地上，往往有大片的蕨生长。在阳光充足、空气湿度较高的环境中，蕨可以长到1米以上。宽大的三角形羽状复叶长达60厘米，宽达45厘米，从埋在土壤中横生的根状茎上生出。蕨的孢子囊群生长在羽状复叶小羽片背面的边缘，每一孢子囊中产生64个孢子。

由于蕨在春天时生长出的嫩叶芽具有特殊的清香味，并且蕨又生长在远离环境污染源的山林中，因此它在蔬菜丰富的今天仍不失其魅力，经常出现在高级饭店的餐桌上。蕨的地下根状茎也有较高的食用价值，含有大量淀粉，可加工成营养丰富的滋养食品——蕨粉。蕨的全草还可以入药，有祛风、利尿、解热的功效。

裸子植物

LUO ZI ZHI WU

☆松树——北温带森林之母

松树，一般泛指松科中松属的各种，全世界共有230多种。

中国特有的孑遗树种——金钱松

松树是北半球最重要的森林树种，尤其在温带地区，松属植物不仅种类多，而且往往形成浩瀚的林海，因此松树被誉为“北温带森林之母”。松树对陆生环境的适应性极强，它们可以耐受零下60℃的低温或50℃的高温，能在裸露的矿质土壤、砂土、火山灰、钙质土、石灰岩土及由灰化土到红壤的各类土壤中生长，耐干旱、贫瘠，喜阳光，因此是著名的先锋树种。

松树最明显的特征是叶成针状。松属植物中的多数种类是高大挺拔的乔木，而且材质好，不乏栋梁之材。中国东北的“木材之王”——红松，北美西部广为分布的高大树种(高达75米)——西黄松，原产于美国加州沿海、生长速度最快的松树——辐射松，原产于美国东南部的湿地松，美洲加勒比海地区原产的加勒比松，广布于欧亚大陆西部和北部的欧洲赤松等等，都是著名的用材树种。

松树的观赏价值也是有目共睹的。在中国，从皇家古典园林到现代居民家中都能见到松树，著名的有油松、白皮松，还有树桩盆景中广泛使用的五针松等。

普通油松

☆为什么黄山的松树很奇特

黄山是我国著名的风景旅游区，它以奇松、怪石、云海、温泉而闻名天下，其中奇松又是黄山最具特色之处。奇特多姿的古松，屹立于岩石缝间，生长在悬崖峭壁之上，苍劲古雅，令人百看不厌。

为什么奇松多长在黄山？总的来说，黄山松的奇形怪态，是松树适应周围环境，特别是长期以来经受刮风、下雪和低温而形成的。

黄山气候凉爽湿润，而到了冬季又特别寒冷，强风飕飕。由于受强风劲吹的影响，山上松树的枝叶往往呈现明显的畸形，迎风的枝条被风吹得扭曲或呈螺旋状生长，而且背风面枝叶较多较密。另外，风还对这些松树起着生理上的影响。因为风可加快水分的蒸腾速度，为了减少水分蒸发，松的针叶变得更细更短，蜡质增厚。风还影响着土质。因为风大，山上表层的土壤很少，松树根扎得很深。为了适应环境，生长在岩缝中的树根只能不断分泌酸液，才能啃裂石头，把根扎下去。

黄山迎客松

由于个体松树生活区域的不同，外界因素作用的结果也不同，这就形成了黄山松的奇形怪状。例如，长在山麓的松树，常常多向外伸出枝干，正好与里面的斜坡配合形成奇突而又平衡的感觉。像玉屏楼东面的“迎客松”，树不高，但它的分枝伸出来像条巨臂，犹如打出欢迎客人的手势，给人印象很深。而生在地势平坦处的松树，四面八方阳光雨露比较均衡，枝叶就像一把大伞，四面匀盖，如云谷寺旁的“异萝松”就是。在北海的“蒲力松”，树虽不高，但枝叶密集于树冠，密得几乎不透光，这是它长期承受冬天大雪压顶的威胁而形成的。黄山还有些松树长在悬崖峭壁上，更为奇特，如西海和石笋峰等处的松树，有的枝干伸出几米远像条长臂，有的枝干盘曲甚至绕过旁边的树后又再向上生长，有的则倒生向下至十几米之处……如果你细心观察，就会发现峭壁上的松树，它们的近根部分从岩石缝中长出来时，只有碗口那样粗，往上长时，树干变大成盆口粗了，这是松树与石头顽强斗争求得生存的最好例证。

☆为什么松树和柏树只结种子

没有果实的松树和柏树都是裸子植物，它们是雌雄同株的。春天，松柏生出新枝。一些新枝的基部，有很多黄色的小球，这是它们的雄花，名叫雄球花。每个雄球花由许多鳞片组成，每个鳞片基部有两个长形花粉囊，囊内有很多黄色花粉。每粒花粉有两个气囊，极易被吹散。

一些新枝的顶端，生有一个或几个小球，这是雌球花。每个雌球花也由许多鳞片组成，每个鳞片生有两个裸露的胚珠，胚珠内有卵细胞，这就是松柏的雌花。

松树种子

风媒授粉完成受精作用，雌球花将形成雌球果。此时雌球果上的鳞片已木质化并彼此离开。每个鳞片基部的两个裸露的胚珠，经受精作用后形成种子。这样的种子是没有果实包被的完全裸露的种子。

松果塔

我们知道，果实是由子房发育而成的，种子是由胚珠发育而成的。而松和柏，没有子房，只有裸露的胚珠，所以它们就没有果实而只有裸露的种子了。

☆为什么松柏类植物冬天不落

秋天来临，许多植物的叶子就会纷纷枯萎落地，而松柏类植物却依然翠绿葱茏，这是什么道理呢？

原来，松柏类植物自有一套抗严寒的“法术”：叶子长得像针状，细而厚，水分蒸发的面积很小，叶子外面长了一层角质表皮，仿佛身披一件“棉外衣”，既能保暖，又能防止水分蒸发。因此，风雪和严寒也奈

针叶林

何不了它们。常绿树也是要落叶的，不过它们叶子的寿命较长，当新的叶子长出来后，那些上了年纪的叶子就枯萎了。

☆长寿的柏树

柏树是柏科树种的通称。柏树的叶很小，呈鳞片状或刺形。球果的形状也较小，往往呈圆球形、卵形或圆柱形，内包有1～6粒种子。

柏科也是较为古老的裸子植物家族，约有150种。南、北半球均有分布。柏树四季苍翠、枝繁叶茂、树形优美、材质坚硬、耐腐蚀，自古就为人们所喜爱。尤其是这类树具有特殊的香气，不易受病虫危害，而且耐旱、耐瘠薄，几百年以至千年以上的老树仍苍劲挺拔，被誉为“百木之长”。在中国广为分布的侧柏、圆柏、柏木等，栽培历史悠久，常植于皇家园林、陵园、庙宇等处，成了古人追求长治久安的象征。如中国陕西黄帝陵轩辕庙中，有一株古柏，相传为轩辕黄帝手植，被誉为“世界柏树之父”；河南登封嵩阳书院内的将军柏，传说为汉武帝所封。尽管人们并不知道这些古柏的真实树龄，但作为长寿树种，柏树是当之无愧的。

世界上最高的柏树是在北美广泛分布的北美乔柏，在原产地高达70米。柏科中也有一些很矮小的灌木种类，如铺地柏、兴安圆柏、叉子圆柏、偃柏等，均为高不到1米的匍匐灌木，适于作园林地栽培。

巨柏枝叶和球果

☆“植物中的大熊猫”——银杉

银杉是我国一类保护珍贵植物。因其叶背中脉两侧具有两条粉白的气孔带，在阳光照射下闪闪发光而得名。据古植物学家考证，在地质史上的第三纪，银杉生长旺盛，曾广布于欧亚大陆。但到了第四纪，由于地球发生巨大变化，陆地上升，大陆覆盖冰川，致使银杉这个树种，除了少数位于冰川危害不大的“避难所”而幸存下来外，其他绝大部分被摧毁，国外的植物学家先后在一些地区的地层中，找到了银杉的化石，认为它已在地球上绝迹。然而我国学者1955年在广西北部山区龙胜、临桂县交界的崇山峻岭中，发现了还活着的成片银杉大树。这个惊人的发现曾轰动世界的植物学界。

银杉树枝

人们把银杉誉为“活化石”“森林中的珍珠”“植物中的熊猫”。后来我国的植物工作者又陆续在四川、贵州、湖南等地发现了银杉的分布点。银杉为我国特有的植物，该属仅一种。银杉的高度和树干的粗壮程度，都可以称为中国之最。

☆化石树——银杏

银杏果

银杏是裸子植物中独一无二的落叶阔叶乔木，高达50米，胸径4米以上。它的叶片形似小扇面，又颇像鸭掌，春夏季翠绿无瑕，秋季逐渐变为金黄色。

银杏原产于东亚，是中国古代著名的树种之一，栽培历史悠久，各地千年以上的古树屡见不鲜。在古代出家人眼里，银杏长寿、典雅、圣洁，因此常植于寺庙、宫

银杏的叶和果

观之中，被尊为“圣树”。在民间，银杏是一种果树。它虽然不结果实，但具有肉质外种皮的种子，颇似一枚杏果，成熟时外面还披有一层白粉，因此被称为“银杏”。去掉肉质外种皮后就能见到坚硬如杏核的白色种皮，砸开它便可以吃到味道鲜美的果仁，于是人们又俗称银杏为“白果”。

现代科学已经证明：银杏是地球上现存树木中最古老的种类，它的祖先在2.7亿年前就已经出现了。中生代时，银杏家族极其繁盛，不仅种类多，而且几乎遍及全球。后来，由于地球气候和地质的变迁，银杏家族开始衰落。在距今大约200万年开始，这个家族遭到毁灭性打击，仅遗银杏一种在亚洲东部的局部地区。因此，银杏在裸子植物门中成了举目无亲的孑遗植物。

今天，银杏受到全世界的关注，被誉为“金色化石树”，在园林中广为栽培。它不仅美观、典雅，而且体内含有多种抗病虫害的生物活性物质，极少发生病虫害。更可贵的是，银杏具有较强的抗环境污染能力，因此适于作城市道树及污染区绿化树种栽培。它的种子和叶还有较高的药用价值，利用前景十分广阔。

银杏树

公孙树

银杏生长缓慢，植后20年左右方能开花结果，一般认为祖父种的树要到孙子那一代才能收获种子，故银杏又被称为公孙树。

☆铁树开花

铁树又称苏铁，是一种美丽的观赏植物，也是一种古老的裸子植物。它树形美观，四季常青。一根主茎拔地而起，四周没有分枝，所有的叶片都集中生长在茎干顶端。铁树叶大而坚挺，形状像传说中的凤凰尾巴。因此，人们又把铁树称为“凤尾蕉”。

铁树一般在夏天开花，它的花有雌花和雄花两种，一株植物上只能开一种花。这两种花的形状大不相同：雄花很大，好像一个巨大的玉米芯，刚开放时呈鲜黄色，成熟后渐渐变成褐色；而雌花却像一个大绒球，最初是灰绿色，以后也会变成褐色。由于铁树的花并不艳丽醒目，而且模样又与众不同，不熟悉的人大多视而不见。这也许是人们觉得铁树开花十分罕见的一个原因。

其实，铁树开花并不稀罕。铁树的老家在热带、亚热带地区，它天生喜热怕冷。在我国云南、广东等地，铁树开花是正常的现象，不足为奇。通常，一株10年以上树龄的铁树，会年年开花。可是，在我国北方情况就不同了。那里冬季寒冷，铁树很难生存，当然开花就更不容易了。

铁树的雄球花

名贵花卉

MING GUI HUA HUI

☆傲雪绽放的梅花

梅花是中国人最钟爱的花。从黄帝时代筑台赏梅的传说到古今文人咏梅、画梅的韵事，无不显示出梅花与中国人文化生活的密切联系。梅花融进中华民族的文学艺术传统，梅花影响和塑造了中华民族性格。辛亥革命后，1919年，它被中国人民尊为国花。梅花总在严寒风雪中怒放，梅傲霜斗雪的不屈精神，向来为人们所尊崇；“零落成泥碾作尘，只有香如故”，梅花被喻有清雅高洁的品格，是志士仁人人格修养的楷模。

梅花

梅是蔷薇科的乔木树种，落叶，树高四五米，较高的七八米。枝条遒劲疏朗，树冠开阔，呈圆形。先开花后长叶。花瓣为5个或5的倍数，上有美丽的斑纹，花色有红有白，有绿有黄，且清香四溢。叶呈卵状，互生，有长尾尖，边缘有细锯齿。梅果会随着梅叶一同长大，成熟的梅果为黄色，呈球形，味道特别酸。

梅花原产我国，15世纪才传到国外。我国长江以南多有栽种，北方也可觅到它的芳踪。梅的树干苍劲有力，寒冬季节，清香的梅花在枝头独自开放。梅花有白色的、红色的，花瓣有重瓣和单瓣两种。梅叶在梅花凋零后才慢慢长出来，梅的品种达上百种，我国的江南、武汉及成都都是梅的重要栽培中心。吉梅最耐寒冷，龙游梅的枝条则像游龙一样自然扭曲没有规则，属于稀有品种。梅花多为五瓣，人们将其喻为幸福、快乐、长寿、顺利与和平的化身，故也有“五福花”之称。

红梅

☆象征爱情的玫瑰

玫瑰是蔷薇科的落叶灌木，在3000多年前巴比伦空中花园里，大马士革的玫瑰就闻名遐迩。玫瑰花有红、紫、白等色，清香迷人，因为小枝上有刺，又被称作刺玫瑰。

每年六月的第一个星期天，是保加利亚著名的玫瑰节。在一片花的海洋里，一群美丽的“玫瑰姑娘”，身着鲜艳的民族服装，向客人赠献花环，向人群撒玫瑰花瓣，载歌载舞，尽情欢笑，以表示玫瑰花农们丰收的喜悦。

玫瑰花

红玫瑰

在欧洲，玫瑰是纯洁、美好、爱情、幸福的象征。基督教传说，玫瑰花是耶稣被钉在十字架上时，鲜血掉在泥地里长出来的。在圣坛的赞美诗中，玫瑰成了圣母玛利亚的别名，教堂里，作为装饰的玫瑰也随处可见。

在英国，红玫瑰一直是英格兰王室的标记，后来成了英国的国花。此外，美国、卢森堡、保加利亚、罗马尼亚、法国以及伊朗、伊拉克、叙利亚等国也把玫瑰定为国花。玫瑰成了国花之最。

玫瑰不仅有很高的观赏价值，还有很高的经济价值。它可用来提取香料和玫瑰油，每2.6千克的玫瑰花只能提炼出1克的玫瑰油。玫瑰油的价格，曾经高过黄金价格的几倍，玫瑰油香精主要用于化妆品工业、日用化学品工业、食品工业以及医药卫生等方面。

保加利亚姑娘采摘玫瑰

☆金秋娇子——桂花

桂花以金黄的花色、浓郁的花香，为秋天倍增异彩，被人们推崇为金秋娇子。民间相传吴刚学仙犯了过失，被罚到月亮上去砍桂花树，桂树随砍随合，因此总是砍不倒……在广西桂林，传说因海龙王的三公主帮助人民移山凿洞，造就了山水甲天下的桂林风景。她死后埋葬的土地一夜间桂树成林，这就是桂林这个地名的由来。

桂花是一种常绿灌木或小乔木，也称木樨，原产我国。它虽以花闻名，但花朵很小，浓香袭人。桂花大致有4个品种。一种名金桂，另一种叫银桂，第三种称丹桂，第四种名四季桂。桂花除供观赏外，花可提取香精或直接作食品香料，如酿制桂花酒等；花及枝叶都可制药。

桂花

☆红艳的山茶

山茶花

山茶属山茶科常绿灌木或小乔木。高矮因品种而不同，高的可达几十米，矮的仅几十公分。山茶的叶子是椭圆形的，像皮革一样光亮厚实，边缘有一圈细齿，它一年四季都是碧绿的。山茶花在寒冷的早春开放，花朵很大，有重瓣和单瓣两种。到了秋季，山茶便会结出圆圆而又可爱的果实。山茶最早产于东南沿海，因花的颜色红得像石榴花，故又叫海石榴。

山茶花大色艳，而且花期较长，尤其难能可贵的是，它会在天寒地冻的元旦或春节期间开放，为节日增添风采。古诗中也因其花期长而多有赞颂："雪里开花到春晚，世间耐久孰如君。"

山茶不仅可观赏，还可入药，有理气、活血的功效，可以冲茶饮用。山茶还是一种环保树种，能大量吸硫、抗烟尘、抗污染、净化空气，是集城市绿化、美化、净化为一体的好树种。因此，宁波、温州、景德镇等城市都将其列为市花。

山茶

山茶的花朵凋谢时，花瓣不是一片一片的落下，而是整朵花从枝头落下，完整而不分开。山茶在十月左右结籽，山茶花油便是用果子提炼的。此外，山茶的种子可以用来榨油，山茶油不但可以食用，还可以作为工业原料。

☆水中芙蓉——荷花

荷花在中国有着悠久的历史。它盛夏开花，映衬在碧绿的叶片之中，风送阵阵清香，驱散了夏季的炎热。宋代诗人杨万里咏诗赞叹："毕竟西湖六月中，风光不与四时同，接天莲叶无穷碧，映日荷花别样红。"

荷花

荷花为睡莲科植物，它的地下茎横行于湖塘内的泥中，称为莲鞭。莲鞭的顶端数节，在夏秋间钻入湖底泥土的深处，逐渐膨大而成为人们喜欢食用的藕。在莲鞭的节上，发生须根，扎根湖底；萌生叶片和花茎，挺立于水面之上，风姿绰约。宋代理学家周敦颐在它的《爱莲说》中道："出淤泥而不染，濯清涟而不妖。"因此，荷花自古以来被我国人民推崇为洁身自爱、品格高尚的象征。

盛开的荷花

荷花浑身是宝，莲子是一种滋补品，藕是营养丰富的蔬菜，荷叶清香宜人，是做特色食品的辅料，它还可入药，可治疗高血压等许多疾病。

出淤泥而不染

荷花是我国十大名花之一，在人们心中，荷花是高尚纯洁的象征。那么荷花为什么能"出淤泥而不染"呢？原来，在它们外表层布满了蜡质，而且有许多乳头状的突起，突起之间充满着空气，挡住了污泥浊水的渗入。当它们的叶芽和花芽从污泥中抽出来的时候，由于它们的表层有蜡质保护着，污泥浊水很难沾附上去，即使有少量的污泥沾附在叶芽或花芽上，也被荡动的水波冲洗干净，待到挺出水面时，自然是光洁可爱的花叶了。

☆睡　莲

在炎热的夏季，一簇簇洁白可爱的花朵漂浮水面，仿佛在酣睡似的，这就是睡莲。睡莲属于睡莲科，是多年水生花卉，约有40种，广泛分布于热带和温带。

睡莲

有一种白睡莲，它的花型很大，最大的直径可达13厘米。有趣的是，它的花朵这么大，却很轻。它迎着朝阳，蓓蕾初放，到中午突然怒放，至傍晚时分，又闭合起来"酣睡"了。它开而复合，合而又开，历时3～4天，有时可长达半个月。

睡莲为什么会时开时合呢？原来，这是阳光玩的把戏。早晨，初升的太阳把睡莲从睡梦中唤醒，花的外侧层受阳光照射，

睡莲盛开

生长变慢，内侧层背阳，却迅速舒展伸长，于是花儿绽开了。中午花怒放时，花瓣展开成一个大圆盘，花瓣受光照面正好与早晨相反，花的内侧层受到阳光照射，生长变慢，外侧层背阳，迅速伸展，并超越了内侧层，于是花就慢慢地闭合起来。

睡莲最适宜栽种在公园或庭园的池塘中。那繁茂的马蹄形绿叶丛中，点缀着朵朵白花、黄花、淡红花，是夏季特别诱人的美景。

☆“花中西施”——杜鹃

高山杜鹃

杜鹃多数为小乔木或灌木，也有高大的乔木。杜鹃花是个大家族，全世界有850多种，主要分布在亚洲、欧洲和北美洲，大洋洲仅有一种，非洲和南美洲则无分布。我国是杜鹃花的主要产地，约有460余种，分布极广，从台湾宝岛到大兴安岭，从东海之滨到青藏高原，到处都有它的倩影。因其生长环境多样，形成的种类繁多，形态相差极为悬殊。靠近雪线的仅几厘米，匍匐于岩石之上，花小得几乎不能见，而分布于云南高黎贡山的大树杜鹃，竟高达20余米，绣球似的花序直径达20多厘米，团团如血似火，十分壮观。

云南产的杜鹃居全国之冠，约有250余种。每年春夏之交，姹紫嫣红，开满群山，见者咋舌惊叹。1919年，英国人在腾冲县高黎贡山上发现一株树高25米、干围2.6米、树龄280年的大树杜鹃，曾轰动一

我国云南高黎贡山中生长的杜鹃树

钟花杜鹃

时，被称为世界杜鹃花王。殊不知，当年英国人所发现的，还不是世界最大的杜鹃花树。1982年3月上旬，在高黎贡山上发现一株更大的杜鹃花树。这株树高25米以上，基部直径3.07米，树龄500年以上，比英国人当年发现的更高、更大、更老，是至今发现的世界杜鹃花树之王。经现代医学研究，杜鹃中的黄杜鹃、满山红、紫花杜鹃等18种杜鹃，均可提炼制药，可治感冒、慢性气管炎等症。

相传，古代有一位蜀国的皇帝杜宇，很爱他的百姓。死后，他的灵魂变为一只杜鹃鸟。每年春季飞来唤醒老百姓“快快布谷！快快布谷！”嘴巴啼得流出了血，滴滴鲜血染红了漫山的杜鹃花。杜鹃花十分美丽，有深红、淡红、玫瑰、紫、白等多种颜色。当春季杜鹃花开放时，满山鲜艳，被人们誉为“花中西施”。

☆倒挂金钟

美丽的倒挂金钟又名吊钟海棠、吊钟花、灯笼花，是柳叶菜科。倒挂金钟属常绿灌木状草本植物，高达60厘米，茎无毛。叶片卵形，长4～8厘米，宽3～5厘米，边缘有锯齿。花两性，生于枝端叶腋，下垂，花瓣紫红色。果实为浆果，里面有多粒种子。

倒挂金钟喜欢凉爽湿润的环境，最忌炎热，也不耐严寒，宜生长于肥沃、湿润的沙壤土，扦插很易生根。它原产于南美洲，现在我国各地均有栽培。

倒挂金钟

☆"花中贵族"——牡丹

洛阳牡丹

牡丹色、香、韵、形俱佳，历来被中国人民称作"花中之王"，誉为"国色天香"。牡丹是毛茛科落叶小灌木，高的近2米，一般为1米左右。复叶，小叶多三裂或五裂，枝干遒劲。花单生枝端，开后硕大，雍容华贵，有红、黄、蓝、白、粉、绿、紫等色，香气浓郁，沁人心脾，花形千姿百态，艳压群芳。

牡丹

牡丹原产于我国西北部，经历代精心栽培，至今品种达近千种，栽培地区也十分广泛。"洛阳牡丹甲天下"，古都洛阳自古就以培植牡丹著称。大诗人白居易曾有诗云："惟有牡丹真国色，花开时节动京城"。北宋诗人欧阳修曾著有《洛阳牡丹记》，为后人留下第一部牡丹专著。曹州，即今山东菏泽也盛产牡丹，保留和培育出一些牡丹珍品，清余鹏年著有《曹州牡丹谱》，介绍了许多名贵的牡丹品种。

白牡丹

牡丹典雅富丽，冠绝众香，辛亥革命前，曾被誉为我国的国花。近几年，在全国性的国花评选活动中，与梅花争艳，同为中选呼声最高的花种。牡丹的根皮，简称丹皮，可供药用。丹皮含有牡丹酚原苷，经水解后产生的牡丹皮酚，有解热镇痛、抑菌和降压的功效。

☆象征母爱的康乃馨

相传古希腊有一位美丽的少女，以编织花冠为生。出自她巧手的花不计其数，并博得了许多人的赞誉，然而也招致了同行的嫉妒而被杀害。太阳神阿波罗怜悯这位少女，将她变为了一朵秀丽芬芳的康乃馨，用以装点祭坛。

康乃馨花篮

多姿多彩的康乃馨为多年生草本植物，它的茎和叶均呈绿色且稍微粉白，茎上通常有一朵单花，有时也有数朵簇生。康乃馨的花形呈皱褶状且层层重叠，花瓣边缘如细锯齿。康乃馨的花色极为繁复，除大红、粉红、肉红、黄、白等单色外，还有镶边及斑点等复色品种，皆带甜蜜的芳香。1907年5月，美国人安娜小姐在母亲的追悼会上献康乃馨纪念，从此逐渐演变为以康乃馨象征母爱的世界性习俗。

康乃馨

人们将每年五月份的第二个礼拜天作为母亲节，这一天，人们会买许多康乃馨送给自己的母亲。

☆月季——花中之后

绚丽、芬芳而又带刺的月季，既平易近人又不可亵玩，在众香国里享有“花中皇后”的美誉。

月季属蔷薇科，小落叶灌木，枝条直立，多数带有皮刺。羽状复叶，小叶3～5片，光洁无毛。花或单生，或数朵并生，开在枝条顶端，有红、白、绿、黄、紫、金

月季

月季

等色，花朵硕大，花型千变万化，散发出醉人的清香。月季花期长，北方户外培植的月季从4月到12月，陆续开花，每次开花也不易凋谢。

月季于17～18世纪从中国传入欧洲，引起了西方园艺家的重视与兴趣。经过与西方原有蔷薇属的植物反复杂交，产生了风靡世界的现代月季，品种更为优良和繁多，花有红、白、绿、黄、紫等色，品种达万种以上。月季适应性强，遍布世界各地，受到各国人民的喜爱。我国的许多城市，如北京、天津、西安、大连等都把月季定为市花。

月季除作为主要的观赏花卉外，花叶都可作药用，有活血化淤，拔毒消肿的功效。

月季的故乡

中国是月季的故乡，几乎无人不识月季花。民间叫它“月月红”。宋朝诗人杨诚斋有两句写月季的诗：“只道花无十日红，此花无日不春风”，道出了月季花期长的特点。

☆美丽圣洁的蔷薇花

蔷薇自古就是佳花名卉，属落叶或半常绿的匍匐状灌木。现在，蔷薇已被人工广泛栽培。野生的蔷薇大多分布于溪畔、路边及园边、地角等处，往往密集丛生，灿烂盛开，经过微雨或朝露打湿后，花瓣红晕润透，景色令人神往。

蔷薇花花期为5～9月份，有半年之久。其品种有很多。花色有乳白、鹅黄、金黄、粉红、大红、紫黑多种，花朵有大有小，有重瓣、单瓣，但都簇生于梢头。花香味很浓，花香诱人，色泽鲜艳，是香

蔷薇树

色并具的观赏花。蔷薇花瓣中可提取芳香油，其价值高于黄金，具有很高的药用、食用价值。

蔷薇花美丽、圣洁，象征崇高神圣的爱情，尤其是红色的蔷薇，更是初恋者赠送的佳品。

☆芍　药

中国自古就有“牡丹为花王，芍药为花相”的传说。芍药与牡丹花容相似，也是花光浓艳、妩媚多姿。而要论起历史来，芍药的栽培远在牡丹之先。芍药早在夏、商、周三代时就有栽培，确实是我国最古老的花卉之一。

芍药花

芍药又有将离、婪尾春、小牡丹等10多个别名。芍药的品种历代都有增加，至明清，又出现了暗香浮动、沁人肺腑的“莲香白”，红、黄、白三色相间的“宫锦红”及“墨紫”“朱砂”等名贵新品。至于现代芍药的品种已达200多种。

历史上，扬州的芍药最为有名，宋代那里是芍药的栽培和传播中心。明清以来，北京芍药日盛。

今天芍药最繁盛的地方，当数以“牡丹之乡”著称的山东菏泽和安徽亳州。在万紫千红的百花园中，芍药迎风竞放，为人们点缀无限风情。

☆蒲 公 英

在野外，到处可以见到蒲公英这种植物。蒲公英的叶子平铺在地面上，每片叶子就像一根不完整的羽毛。春天一到，蒲公英的半球形花朵就在花梗上开放了。

蒲公英是一种美味的野菜，它的叶子可以做成爽口的凉菜。用手将蒲公英的叶和梗掐断，断裂处会流出白色乳汁。

不同的植物，会以不同的方式传播种子。蒲公英的果实上有一丛蓬松的白绒毛，活像一个个小伞兵。当风吹来的时候，小伞兵撑着各自的降落伞随风四处飘落。这恰

成熟的蒲公英种子

蒲公英植株和花

恰是它们旅行到远方生根发芽的好机会。

蒲公英的花在朝阳下绽放，到了晚上或碰上雨天，花朵又重新聚合成花苞。一朵蒲公英花通常能开3～4天。当蒲公英花凋谢之后，花梗就倒伏在地面上了。

蒲公英的花朵

蒲公英的花朵是由许多小花聚集而成的，当这些小花凋谢之后，一个个长着绒毛的种子，就生长出来了。它们互相簇拥在一起，像一个可爱的大绒球。蒲公英的每一朵小花都会形成一粒单独的种子，种子上长着一撮冠毛，可以带着种子随风飘散。

☆郁金香

郁金香被称为"花中皇后"，荷兰人因其神秘幽远的美感而将它奉为国花。当春天到来的时候，郁金香的叶子中间会抽出一支长杆，郁金香的花就开在长杆顶端，花朵像一只高脚酒杯，大而鲜艳。花由6片花瓣组成，这些花瓣环叠在一起，有白色的、黄色的、红色的，还有紫红色。郁金香的花期为4个月，白天开放，夜间或阴天闭合。

郁金香耐寒，不耐热，初夏时节像在夏眠，秋季是栽植的好季节。据不完全统计，目前郁金香的种类有8000余种，15个大类。常见的种类有：荷兰小姐、阿普多美、夜皇后、帝王血、蓝鹦鹉、金色旋律等等。

郁金香一般采用鳞茎繁殖、分球繁殖等方式，在大量繁殖或育种时则可播种。我国长江流域、黄河流域地区因为夏天炎热较早，常使郁金香的鳞茎早衰，不利于它的生长发育，其球根会逐年缩小退化，不宜繁殖栽培。

郁金香

荷兰城市街头的郁金香

☆百合花

百合是由地下的鳞茎长成的。秋天，将百合的球形鳞茎种下，春天，鳞茎中便抽出细长细长的花葶和纤细单薄的叶子。夏天来到的时候，百合的花葶上便开出雅致馨香的百合花。百合花有白、绿、黄及红黄四种颜色，白色的最为常见和著名，它象征着纯洁和美好。

百合常常被作为礼物送给新婚夫妇，以表示对新人的祝福。

百合花

传说亚当和夏娃受到蛇的诱惑吃下禁果，因而被逐出伊甸园。夏娃悔恨之余，流下了悲伤的泪水，泪水流到地上后便化成了洁白芬芳的百合花。

百合是百合科中百合属的佼佼者，具有很高的观赏价值。它姿态优美，叶片青翠娟秀，茎干亭亭玉立，不愧为世界名贵花卉。

☆雪莲花

在我国西南和西北地区，林立着高大雄伟的大山，山上终年覆盖着白皑皑的雪，永远是个银白色的世界。在海拔5000米以上，植物就越来越少，只能生长一些生命

力极顽强的少数植物。这种自然条件不适宜植物生长：岩石风化，土壤质量恶劣，即使夏季也是狂风怒号，雨水会在很短的时间内变成冰冷的雪。但在这样的极端环境下却生长着一种奇花异草——雪莲花，它是菊科多年生草本植物，也是举世闻名的珍稀药材。民间将雪莲花全草入药，主治雪盲、牙痛、风湿性关节炎、阳痿、月经不调、红崩、白带等症。由于雪莲叶色如碧玉，花序紫色绮丽，具芳香，自古也被青年男女视作爱情的象征。

雪莲花

喜马拉雅山雪莲

中国十大名花

作为观赏性的花卉，中国有十大名贵品种。十大名花分别是：牡丹、月季、梅花、菊花、杜鹃、兰花、山茶、荷花、桂花、君子兰。其中牡丹被誉为花中之王。

☆“花中香祖”——兰花

迎风摇曳的兰花为多年生草本植物。它叶片修长，四季常青，有“看叶胜看花”之说。早春时期，兰花由叶丛间生长出许多花葶，每个花葶上端开花一朵，花为淡黄绿色，清新淡雅。兰花常生在幽谷深涧，且幽香袭人，所以久有“花中君子”“香祖”“天下第一香”之誉。

春兰

兰花的根簇生，肉质，圆柱形。叶为线形，很柔韧，有平行的条纹。花没有花萼、花瓣的区别，萼片与花瓣总称花被，花开在由叶丛中抽出的花茎顶端，形状纤巧，清香四溢。

我们常见的兰花生于地上，有名的品种有春兰、蕙兰、兜兰（又称拖鞋兰）、建兰、报岁兰、夏兰、蝴蝶兰、卡特兰、石斛兰、万代兰等。这些兰花花朵较大、色彩艳丽、花形奇特。

兜兰（拖鞋兰）

兜兰的唇瓣特化成兜囊状。

☆虎头兰

虎头兰是兰科兰属多年生附生草本植物，株高40～50厘米。假鳞茎粗壮，叶长带状，常6～8枚生于茎顶。花期11～12月，花葶倾斜，着花8～15朵或更多，花形奇特，宛如鹦鹉的嘴巴，花冠黄绿色，密集紫红色斑纹，亦有纯白色品种。果熟期4～5月，蒴果黄褐色。

虎头兰

虎头兰性喜温暖、高湿环境，较耐阴，夏季须置于通风凉爽处，分株繁殖。虎头兰原产于我国西南地区，尤以西藏和四川西部广泛分布。它是优良的室内盆栽花卉，可用于宾馆、饭店美化环境。

☆蝴蝶兰

19世纪中叶，西方的植物学家首次发现了蝴蝶兰，因为其花色浓艳瑰丽、状如毒蛾，而取名为飞蛾兰。因误认为它是含剧毒的植物，人们常将其视为“魔鬼的化身”。然而，花姿轻盈高雅的蝴蝶兰很快还是被爱花人士视为下凡仙女，给予“兰花

蝴蝶兰

之后”的美称，成为群芳谱中的新宠。

蝴蝶兰因为花形颇似飞舞的蝴蝶而得名。它不仅开花多，花色丰富，而且花朵大，花期长，深受人们喜爱。

石斛

石斛又叫吊兰花，是兰科石斛属多年生附生草本植物。花黄白或淡红色，夏秋季开花。果实长圆形，有4～6个棱。

石斛原产于我国云南西双版纳和海南岛热带森林中，现在各地植物园有栽培。本图就是石斛中的束花石斛。

☆万代兰

新加坡植物园是世界著名的热带植物园之一，俗称红毛花园，位于新加坡东陵区荷兰路附近。园内种有各种奇异花卉和珍贵树木近2万多种，兰花圃中种有国花——卓锦万代兰，它四季盛开，鲜艳动人。这种花是由新加坡的西班牙女园艺师艾尼丝·卓锦培植成功的。1893年，新加坡植物园为了纪念她，便以她的名字为这种兰花命名。

卡特兰

卡特兰原产于热带美洲，唇瓣长成喇叭形，口部呈波状，如一条美丽的长筒裙；两侧的花瓣大而舒展，花朵直径达10厘米。此花在产地被称为“神奇梦幻之花”，并且花期长，一朵花可开放30多天，是最受人们喜爱的附生兰花。

☆君子兰

君子兰是在我国引种较晚而又受我国人民普遍喜爱的观赏性花卉。

君子兰属石蒜科，是多年生草本植物。石蒜科植物通常有球形鳞茎，而君子兰具有

君子兰

巨大的肉质根，叶茎肉质宿存，很短。叶为带状，交互生于叶茎，上有平行脉络，墨绿有革质，分列叶茎两侧，整齐典雅，显得凝重深沉。二三月开花，伞形花序，开在叶丛中抽出的花茎顶端，十几朵漏斗形的大花簇拥在一起，蔚为壮观，经久不谢。花多为橙红或大红色。

君子兰原产南非，1854年自欧洲引种到日本，得到这个汉字名称。

君子兰一季观花，四季观叶，花叶皆高贵大方，说它是“花之高士”，名副其实。

玉兰花

玉兰先开花，而后叶子才姗姗出来。玉兰的花芽与叶(包括枝)芽是分开的。花芽大，生长在枝顶，在低温下即可开花，因此在头年的冬季就可以在枝头看到它，等到春天气温稍稍暖和时，花就开放了；而叶芽需要较高的气温才能长出叶片，所以叶芽生长比花芽迟缓。

☆玉　兰

玉兰是被子植物家族中兰科的一种落叶乔木，它可以长到20米左右。早春时节，玉兰树的叶子未长出时，晶莹洁白、香气袭人的玉兰花就在枝头怒放了。玉兰花的花朵很大，像一个个举向天空的水杯，它的香味能传到很远的地方。

玉兰

玉兰早在唐代就在我国广有栽培，历来深受人们喜爱。古人云：“但有一枝堪比玉，何须九畹始征兰。”从诗中不难领略到玉兰的魅力。玉兰花瓣不但美丽，而且还可以食用。此外，从芬芳的玉兰花中可以提取制作食品及化妆品的香料。

玉兰的生长地仅在亚洲东部至东南部及美国加勒比海这两块相距较远的地区。在中国，玉兰主要生长在南方的山林中。

玉兰是我国著名的观赏花卉。亭亭玉立的树姿，洁白似玉的花朵，香气如兰的芳香，特别是春寒初逝之时，满树清丽高雅的花朵在其长叶前开放，犹如雪山琼岛，堪称一绝。

☆木　槿

木槿花

木槿原产我国和印度，又名朱槿、槿树条，属锦葵科落叶灌木。叶互生，卵形或菱状卵形，边缘有锯齿。6～7月间开花，有红、白、紫红、粉红等色，单生叶腋，结圆形蒴果。

木槿被称为"天然解毒机"。实验证明，如果空气中的有毒物质，如二氧化硫达到十万分之一时，人就不能长时间工作，当有毒物质的浓度达到万分之四时，人就会中毒死亡。而木槿却有自行解毒的本领，它能将有毒物质在体内分解，转化为无毒物质。生态学家曾对许多抗污能力较强的植物叶片进行过分析，发现木槿叶片中的含氯量及粘附在叶片上的氯量最多。它对二氧化硫有很强的抗性，二氧化硫对木槿的叶肉细胞危害极小。因此，木槿常被植于城市以改善空气质量。

木槿因其花色美观，北方各省常栽植于庭园供作观赏，南方各地多作绿篱用材。它是一种多功能的绿化树种，而且适应性强，扦插栽植容易。

木槿的花和根皮入药，性平味甘，有清热利湿、解毒之功。

☆茉　莉

茉莉为著名的芳香植物，很早就自国外引入，在我国有1400多年的栽培历史。

茉莉是从波斯即今日的伊朗一带引入，首先传入中国南方的两广地区。它喜欢温湿环境，北方难以越冬，故多分布在华南。

茉莉花除用于观赏、制茶外，还可用于制作化妆品、提取香精、调味、制酒，其叶片可以当蔬菜，还可入药，根能镇痛麻醉，叶能清热解表，花能理气开郁。茉莉全身都是宝。

茉莉花

☆仙人掌

仙人掌是生长在沙漠地带的多刺植物。仙人掌的刺就是它的叶子，它的刺长在它的茎上，茎里储存着大量水分。有的茎像树干，有的像肥厚的手掌，有的则是球形的。雨季的沙漠，仙人掌会一起绽放出鲜艳的大花。花落之后，仙人掌的种子就慢慢长大。成熟后的果实是红色或黄色的，它含有许多水分。

仙人掌花

几乎所有的仙人掌都来自美洲。为了适应干燥的生存环境，它们演化成千奇百怪的形态，像多刺的珍珠仙人掌、仙人球等。许多仙人掌的茎干呈凹凸起伏状，这些突起的部分有助于它储存更多的水。

仙人掌具有顽强的生命力，极易栽培。大多数植物的水分都是通过树叶被蒸发掉的。仙人掌也不例外，它的叶的表皮中水的气门是由两个细胞护卫着的，仙人掌叶可以改变自己的形状来开合气门，这样，水分就会通过叶被蒸发掉。

仙人掌的茎呈碧绿色，颜色与叶子差不多。它的茎和普通的茎相比，多了一项特殊的本领，茎的表面含有叶绿素。它能进行光合作用、制造养分，完全代替了叶子的功能。

仙人球

巨人柱仙人掌

巨人柱仙人掌是多年生肉质植物。植株呈高大柱状，株高可达14米。肉质茎直立，密集褐色绵毛和辐射状针刺。花着生在成年植株顶部，花形喇叭状，白色，花期5～6月。

巨人柱仙人掌性强健，喜欢温暖向阳环境，宜生长于富含石灰质的沙壤土。播种、扦插繁殖。原产于美国西南部及墨西哥北部草原，世界各国植物园多有栽培，宾馆、饭店常用它来布置厅堂环境，可展示热带沙漠景观。

☆樱　花

日本人为什么对樱花情有独钟，这要从很久以前谈起了。

樱花

日本是一个岛国，因为四面临海，所以像火山喷发、地震、海啸、台风等自然灾害非常多。古时候的日本，科学还不发达，因此人们靠观察山野的樱花，来判断一年耕作的吉凶。后来，科学发达了，人们不再靠樱花占卜吉凶，樱花逐渐变成了观赏花木。

樱花起初是野生的，而且品种花色很单一。后来，日本人将它移植到庭院中，精心加以培育。现在樱花的品种已经达到了300多个，而且花色也更加绚烂夺目、五彩缤纷。

在日本的大街小巷、庭院山野、公园寺庙，到处都种植着樱花。每年三四月份，正是樱花盛开的季节。这时候，无论你走到哪里，都可以看见灿烂、怒放的美丽樱花。这些樱花大多数是粉红色的，远远望去，就如粉红的轻云一般可爱。

美丽的樱花

而此时，忙碌、辛勤了一年的日本人，就会放下手中的工作，邀上亲朋好友，携带着美酒佳肴，到樱花树下尽情地赏花。

为了让人们尽情地赏樱，日本政府还规定：每年的3月15日到4月15日是樱花节。

日本人爱樱花，一是因为它美丽；二是因为它开得绚烂、凋谢得也很迅速。日本人很欣赏樱花的这种特性，他们认为，做人也要像樱花那样，绚烂地生活，绚烂地死去，而不要在乎生命有多长时间。

日本人不仅爱种樱花，欣赏樱花，还会用樱花酿制独特的樱花酒，做成独特的樱花饼。

世界上还有哪个国家的人比日本人民更爱樱花呢？没有。所以，将日本称为“樱花之国”一点也不夸张。

☆鹤望兰

鹤望兰是一种非常高雅的花，它不仅色彩丰富，而且造型极为奇特。尤其令人赞叹的是，这种花与鸟有着不解之缘，使一些既爱花又爱鸟的人更为迷恋鹤望兰。

鹤望兰的植株高4米左右，看不到茎，只见一丛青翠的叶簇拥着花朵。鹤望兰的花序，形如翘首远眺的鹤头，那长长的花亭恰似细长的鹤颈。

说来也真巧，这种被人喻为名鸟的花卉，在大自然中确实与鸟有着特殊的关系。鹤望兰的老家在非洲南部。每当它开花的时节，总有一些非常小的太阳鸟被花序所呈现的鲜艳色彩所吸引，纷纷飞落到花朵上，寻觅美味的食物——花蜜。有时在船形的苞片里，太阳鸟还能喝到积存的雨露。鹤望兰的蜜囊藏在中间那枚小舌状的花瓣下面，要想吃到花蜜，太阳鸟最好的位置就是落在近于水平方向的箭头状的花瓣囊上。

鹤望兰

此时，在太阳鸟身体重量的压迫下，花瓣囊刚好裂开，被关在里面的花粉暴露了出来，很容易粘到太阳鸟的脚上。当这些贪吃好动的小鸟在鹤望兰的花朵间往来觅食时，就充当了授粉的媒人，将脚上粘着的花粉送到伸出“箭头”外的柱头上。如果没有太阳鸟的帮助，鹤望兰的花粉将一直被囚禁在花瓣囊内，不能与伸在囊外的雌蕊柱头结合，即使是那些最热心的授粉媒人蜜蜂与蝴蝶也无能为力。可见鹤望兰是一种十分典型的“鸟媒授粉”植物。因此，当人们在室内或没有太阳鸟光临的园圃中种植鹤望兰时，只有采取人工方法为花授粉。

高雅的鹤望兰

☆报春花

报春花

报春花是一年生草本植物，株高20～30厘米。叶羽裂，基生。轮伞花序2～6层，花期12～4月。花梗纤细，高出叶丛，被白粉，花萼宽钟形，花冠高脚碟状，淡紫或粉红色，具芳香。果期4～5月，蒴果圆形，黄褐色。

报春花性喜温暖湿润环境，宜在疏松肥沃的沙壤土中播种繁殖，它原产于我国西南地区，是优良的冬春季室内盆栽花卉。花瓣速干后可制作精美的干花贺卡。

☆木棉树和木棉花

木棉树高大挺拔，先开花后长叶，花色白红。先开花后长叶的树木总能激起观赏者更多的情感。木棉树是落叶大乔木，属木棉科，每年三四月为花期。木棉花每朵如碗口大小，成簇生于枝头，有五个肉质的大花瓣，中央围着许许多多的花蕊，花瓣外面乳白色，里面橙红色或鲜红色。由于不见叶子，远远望去满树花红似火，艳丽如霞。

木棉树树干挺拔，高达30多米，如巨人披锦，雄伟壮观，因此，木棉树被广东人称“英雄树”，木棉花并被选为广州市市花。

幼木棉树的树干及枝条有扁圆锥形的皮刺，成年木棉树树干粗大、光滑，侧枝轮生，向四周平展，形成宽阔的树冠。叶互生，掌状复叶，由5～7片长椭圆形的小叶

木棉树

盛开的木棉花

组成。木棉结白色长椭圆形蒴果，内壁有绢状纤维，成熟之后果实会爆裂，里面的黑色种子便随棉絮飞散。云南人称它为“攀枝花”，因为人们需要在蒴果开裂前攀上树枝采摘，才不致使棉絮散失。

木棉广泛分布于我国云南、贵州、广西、广东及金沙江流域，生长在森林或低山地带。播种、分蘖或是扦插，都易于成活，而且生长迅速。

木棉具有较高的经济价值。它纤细，弹性好，耐压，适宜做坐垫和填充物，也是做救生圈的优良填料。木棉的木质松软，可用来制作包装箱板、火柴梗、木舟、桶盆等，也可以用来造纸。

☆八仙花

八仙花又叫琼花、绣球花。在植物学上它属于绣球花属。绣球花的种类中有一半以上原产地是中国和日本。

英国人的庭院中最常见的绣球花，是1788年一位名叫班克的爵士从东方引入的。这种植物要求充足的水分、温暖的气候。如果空气湿润，对它的生长就更加有利。

在日本，有的绣球花的叶可用来泡茶，人们誉之为“天堂之茶”。绣球的根，在北美用来医治结石带来的绞痛，当地人给这药物一个相当神秘的名称：东方树皮。

绣球花有明显的皮孔与叶迹。叶大而稍厚，对生，椭圆形至宽卵形，长 7～20 厘米，宽 4～10 厘米，边缘除基部外，有锯齿，上面鲜绿色，下面黄绿色。伞房花序顶生，球形，直径可达20厘米。花极美丽，白色、粉红色或变为蓝色，全部都是不孕花。

八仙花

☆为什么八仙花会变色

八仙花的颜色来自花青素。花青素是一种水溶性植物色素，存在于细胞内的细胞液中，其颜色是随着细胞液酸碱度的变化而改变的，当细胞液为酸性时，花青素呈红色，碱性时，呈蓝色或紫色。当八仙花由蓝色变成粉红色时，就可以说细胞液由碱性变成了酸性。不过，这也只是原因之一，有些色素的生理过程也起着一定的作用。比如血液中的血色素能输送氧气，由于细胞里各种成分的微小变化，血液的颜色也会随之发生变化。

由于花青素是一种较易变化的色素，所以能变色的花就不仅仅是八仙花了，紫苏等植物的叶子能够变红，也是花青素变化的结果。

美丽的八仙花

☆马蹄莲

马蹄莲

马蹄莲的表现欲很强，它的花苞张扬地大开着，以致大多数人都把它当成花瓣，其实，它只是一个变了形的叶子。

马蹄莲是多年生肉质草本植物，有很强的观赏性。在很多国家，马蹄莲被看作是吉祥如意的花，如东非的埃塞俄比亚人民对其尤为推崇，并把它奉为国花。在英国，马蹄莲被视为庄严、圣洁的天使，成为葬礼上必不可少的花卉。马蹄莲有许多好听的名字，如观音莲、慈姑花、喇叭花、佛焰苞芋等。

晶莹洁白的马蹄莲让人感觉到圣洁与宁静。它那很像花瓣的大苞片将黄色的肉穗花序环绕其中。苞片除了白色外，还有鲜艳的玫红色、柔和的桃红色以及带有玫红色边缘的白绿色花冠，它们含蓄地挤在中央的花柱上，散发着淡淡的香气。

小马蹄莲，花多、四季开花；红柄马蹄莲，叶柄基部红色，花色洁白；绿柄马蹄莲，叶柄基部绿色，花色黄白；银星马蹄莲，叶面有银色斑点，花色白色或淡黄色；黄花马蹄莲，叶面有半透明白色斑点，花色深黄；红花马蹄莲，花色粉红至深红或紫色；黑心黄马蹄莲，叶面有白色斑点，花色深黄。

马蹄莲虽然美丽，但它的花却含有大量草酸钙结晶和碱等，误食者会引起昏迷等中毒症状。

☆牵 牛 花

夏季的清晨，篱笆上一朵朵蓝色、粉紫色或白色的牵牛花带着露水开放了。牵牛花长在细长的、长满短毛的蔓茎上，像一个个鲜艳的小喇叭，因此牵牛花又叫喇叭花。

牵牛花的叶子是心型的。牵牛花的花冠同其他花的花冠一样，用来保护花蕊。同时，它那鲜艳的颜色、特殊的形状、芳香的蜜腺则用来吸引昆虫为之传粉。

牵牛花茎蔓轻柔，扶篱而上，碧叶重叠，形成一道碧绿的屏幕。清晨时，牵牛花开，状似一个个小喇叭，色彩淡雅美丽，颇具风韵。

神奇的牵牛花

不知你发现没有，竹竿上牵牛花的藤竟然都沿逆时针方向盘旋而上。也就是说，你用右手握住直立的竹竿，大拇指朝上，四指的指向就是牵牛花茎所表现的这种右旋性，与它的喇叭型花朵一样，是牵牛花的遗传的力量。

秋天，当牵牛花的花和叶子凋零之后，牵牛花的果实就成熟了，果实中有6粒咖啡色的种子。牵牛花的种子可以入药，在医学上被称为牵牛子、黑丑、白丑等，对治疗水肿、食滞、慢性肝炎、驱虫、大便秘结、肾炎有一定效果。

牵牛花

☆"凌波仙子"——水仙花

水仙花是我国传统的十大名花之一，也是福建省漳州市的市花。自古以来，它就被众多的文人墨客吟咏。北宋著名词人黄庭坚曾有"凌波仙子生尘袜，水上轻盈步微月"的佳句，给水仙蒙上了一层浪漫的色彩。水仙属多年生草本植物，现有20000多个栽培品种。根据其花形、花色、株形可划分为12个种群。金盏银台、银盏玉台、玉玲珑和喇叭水仙等品种在我国被广泛种植。

水仙

水仙的球根，就像个冒了芽的大葱头。把"葱头"放在清水盆里，放上一些可爱的小石头，勤换水，调理得当，那修长的绿叶便会越长越高，叶子中间还会长出一个个花蕾，不久就会开出清香醉人、洁白如玉的水仙花来。

水仙花的茎很特别，就像一个球型的大蒜头，被称为鳞茎。冬天，将鳞茎培植在水中，水仙的根就生出来了，渐渐地，翠绿的叶子也从鳞茎中抽出并直立在鳞茎上。春节前后，水仙会开出清香优雅的素白色小花。花瓣的中心是水仙花的黄色副花冠，它像一个浅浅的水槽，中间盛着水仙花芬芳的花粉。

从水仙花中可以提取出一种高级的芳香油，它是制作香水等化妆品的原料。水仙花的鳞茎有毒，用它可以制作药品。

☆大丽花

大丽花是菊科植物中美貌出众的一种，所以又被称为大丽菊。它风采华贵、典雅、体形高大丰满，可以与"国色天香"的花王——牡丹媲美。

大丽花的颜色绚丽多彩，有红、黄、橙、紫、白等色，十分诱人。重瓣大丽花有白花瓣里镶带红条纹的千瓣花，像白玉

大丽花

石中嵌着的红玛瑙，妖艳非凡。

大丽花原产于墨西哥的高原上，墨西哥人把它视为大方、富丽的象征，因此将它尊为国花。

大丽花的植株高约1.5米，叶对生，是羽状复叶。它的头状花序中央有无数黄色的管状小花，边缘是长而卷曲的舌状花，有各种绚丽的色彩，花的妖艳就是通过它显示出来的。大丽花有膨大的块根，其中贮藏着大量的养料，可作自身无性繁殖。园艺家把块根从树颈处切分，一一分植，可以得到许多新植株。

大丽花华贵典雅、体形高大丰满，可以与国色天香的牡丹相媲美。

大丽花已有7000多个品种，颜色繁多，已成为世界著名花卉。大丽花还以抗污染植物而著名。

☆木芙蓉的颜色一天三变

你认识木芙蓉吗？它一般在10～11月开花，花单生在枝顶叶腋里，花瓣近圆形，花大艳丽，雍容端庄，十分可爱。

木芙蓉开花的时候，早上、中午和下午花的颜色各不相同。早上花刚开放时，花色是乳白色，到了中午为粉红色，下午以后转为深红色。

木芙蓉

为什么木芙蓉花色会一天三变呢？要揭开这一奥秘，先要从花为什么有不同的颜色谈起。科学家发现，在花瓣细胞的细胞液里存在着一类叫做花青素的物质，同一种花青素的颜色会有变化，这种变化主要是由花瓣细胞的细胞液的酸碱性所决定。当细胞液是酸性时花青素呈红色，细胞液是碱性时花青素为蓝色。花具有美丽的颜色，主要是由花青素显示出来的。而木芙蓉花在一天里，由于阳光照射和温度的变化，引起花瓣细胞液酸碱度变化，花色也就发生变化了。

☆菊科植物

菊花是中国的名花之一，被称为“伟大的东方名花”。菊花属于菊科植物，这类植物以众多艳丽的花卉为人类所喜爱。如菊科植物中的大丽花、波斯菊、紫菀、雏菊、翠菊、金光菊、金盏花、百日菊、松果菊、杂色菊、矢车菊、非洲菊等，都为园林增加了异彩。

非洲菊

菊科中的向日葵是风行世界的油料作物。菊科中还有著名的蔬菜莴苣、块茎含菊糖的食用植物菊芋、甜度为蔗糖300倍的甜叶菊。

菊科也是药用植物宝库：有散风清热、明目舒肝的杭菊花（产于杭州），清热解毒的怀菊花（产于河南怀庆府，即今天的焦作），清热凉血的青蒿，可治肝炎的茵陈蒿，驱蛔虫良药山道年蒿(蛔蒿)，活血通络的红花，补脾健胃的白术、苍术，清热解毒的蒲公英，以及雪莲、鬼针草、石胡荽、水飞蓟、牛蒡、苦荬菜、旱莲草等等。

菊科还有天然杀虫药除虫菊，可提取橡胶的橡胶草等许多具有较高经济价值的植物。

蚊虫克星——除虫菊

菊科中的除虫菊原产于南斯拉夫的达尔马提亚群岛，现在我国各地都有栽培。除虫菊虽没有其他菊花好看，但它的花晒干后磨成粉可制成防虫的植物性农药。

紫菀

☆“东方名花”——菊

“飒飒西风满院栽，蕊寒香冷蝶难来。”唐末黄巢的菊花诗传神地描绘了菊花傲寒独立的君子之风。

紫菊花

菊花原产于我国，由野菊花培育而来。经过历代园艺匠人的培植，现在种类繁多，观赏性越来越强，成为世界上普遍栽培的花卉。我国宋代就有《菊谱》之类研究菊花的学术专著问世，后世对菊花的栽培、造型更为讲究。金秋时节，各地纷纷举办菊展，给人以美的享受。

自汉朝开始，菊花成了九九重阳节的重要角色。在这天，人们除了登高望远、赏菊之外，还畅饮菊花酒。16～17世纪，荷兰人将菊花引入欧洲，后被欧洲人称为“黄金之花”。

菊花

菊花在我国各地普遍栽培。从它众多的别名可见我国人民对其喜爱之情：秋菊、黄花、更生、帝王花、金蕊、节毕、朱嬴、九花、白帝、帝女花、治蔷、鞠花、女茎、日精等。

菊花属短日照植物，一般秋季开花。如果想使菊花开放供人观赏，可通过控制日照的方法，让它提前开放。另外，在园林或家庭绿化中，菊花可以布置花坛，还可以作为室内插花的主角。

四季瓜果

SI JI GUA GUO

☆中华猕猴桃

中华猕猴桃源于我国野生藤本植物，因形状如梨，颜色似桃，猕猴很喜欢吃，所以取名猕猴桃。我国发现和栽培猕猴桃已经有1000多年的历史。

猕猴桃

中华猕猴桃别称羊桃、藤梨、仙桃等，属猕猴桃科，为落叶木质藤本植物。它分布广，产量高，果形大，质量好。植株如葡萄藤，雌雄异株，夏季开花，花朵芳香，诱蝶传粉，蜜腺发达，花期5～6个月，是理想的蜜源植物。结浆果卵圆或圆柱形，8～10个月成熟。单果重50克左右，最大的有170克。果肉黄白色或绿色，果肉中有黑褐色芝麻状种子500～1200粒，可用种子繁殖。

成熟的猕猴桃

中华猕猴桃浑身是宝，果实营养丰富，含糖量8%～14%，含酸量1.4%～2%，还含多种氨基酸。每百克鲜果肉中维生素C含量为150～420毫克，比柑桔高5～10倍。鲜果酸甜适度，清香可口。国外把猕猴桃视为珍品，用果肉作宴席冷盘，备受欢迎。近年来，它还被列入太空人的食谱。猕猴桃可加工成罐头、果汁、果酱、果脯、果干等多种食品。

猕猴桃能阻断亚硝胺的合成

据最新研究，猕猴桃汁中有两种以上新的活性物质，能阻断致癌物质亚硝胺在人体内合成，因此受到国际肿瘤研究机构的重视。

☆榴　莲

榴莲俗称麝香猫果，原产马来群岛，我国海南、两广、湖南等地也有栽培。果实虽然味道不佳，但是果肉甜美，有“果王”之称。

榴莲属木棉科，是常绿乔木，高达25米，枝繁叶茂，树冠很像一把撑天蔽阳巨伞，叶长椭圆形，革质、叶面光滑，叶背有鳞片。花形大，带白色，聚伞花序。果实近于球形，果长约25厘米，每个重三四千克，果皮黄绿色，长满锋利的木质刺，很像一只大刺猬。果肉嫩黄，香甜油腻，食后余香不绝。榴莲的种子外面包裹着乳白色的假种皮，有恶臭。种子可炒食。

素有“水果王国”之称的泰国，盛产榴莲，每到产果旺季，城乡处处飘散着榴莲的果香。

榴莲

☆草　莓

草莓是个“多胞胎”，是由同一朵花中的许多雌花发育成的，许多小果长在一起形成一个果实。

草莓的茎既不爬藤，又不直立，而是平卧在地上，这种茎叫匍匐茎。匍匐茎上有节，当茎与土壤接触后，节上便会长出不定根，并长出新的植株，这是草莓常用的繁殖方法之一。

草莓果

草莓是一种假果，表面有一层小瘦果。

草莓营养丰富，每百克鲜果肉中含维生素C 60毫克，比苹果、葡萄含量还高。果肉中含有大量的糖类、蛋白质、有机酸、果胶等营养物质。此外，草莓还含有丰富的维生素B以及钙、磷、铁、钾、锌、铬等人体所需的矿物质和部分微量元素。草莓是人体所需的纤维素、铁、钾、维生素C和黄酮类等成分的重要来源。

草莓的食用方法很多，可根据不同的口味制成草莓酱、草莓粥、草莓蜜茶等风味各异的小食品。

随着气候的转暖，草莓身着艳装，捷足先登水果市场，成为人们争相购买的水果。

据北魏《齐民要术》载："莓，草果，亦可食。"由此可见，我国栽培草莓至少有1500年的历史。

我国医学认为草莓有药用价值，其味甘、性凉，具有止咳清热、利咽生津、健脾和胃、滋养补血等功效。在西方，人们还把草莓当成防治心血管疾病和癌症的灵丹妙药。经常食用草莓对健康大有益处。

草莓

草莓的茎为匍匐茎

☆苹　果

苹果属多年生乔木，一般树高 3～5 米，树干灰褐色，单叶互生，椭圆玉卵圆形。我国种植苹果已有3000多年的历史。我国现在广泛栽培的苹果原产于高加索、黑海与里海之间。全世界苹果大约有 35 个品种。我国苹果种植面积居世界首位。苹果主产区集中分布在北方地区，尤以山东、辽宁、河北、河南、陕西、山西等省突出。主要栽培品种为："祝光""红玉"

红苹果

熟透的苹果

“元帅”“金冠”“青香蕉”“富士”“北斗”“国光”等。最具代表性的有：四川早熟的“黄魁”，6 月上旬就可上市；北方的“金帅”，果大心小，气味芳香；南北闻名的“香蕉苹果”，果大汁多、浓香爽口；中熟的“红玉”，艳丽无比，贮藏后有浓香；晚熟的当家品种“大国光”，全国种植比例占一半以上。

现在苹果的种植，向矮化密植的方向发展，被公认为是世界上苹果生产发展的方向。树体矮小，管理工作都可以站在地面上做，省时省力；栽培的棵树增多，单位面积产量就高得多；使树冠内通风透光性增强，光照充足，能使果树早熟丰产，苹果色泽也好，含糖量高，品质优良。要想使苹果早熟高产，就必须使用矮化密植的种植方法，使苹果树长得矮些，栽得密些。

苹果含有微量元素锌，而锌是构成与记忆力息息相关的核酸和蛋白质所不可缺少的元素。儿童缺锌，就会导致大脑发育不良。因此，儿童应多食苹果，以满足正常生长发育的需要。

苹果

☆橄　榄

在2004年雅典奥运会上，每个获奖的运动员头上都戴上了用橄榄枝编织的花冠。为什么要用橄榄枝呢？这是因为在《圣经·创世纪》中有这样一个故事：大地被洪水淹没，留在方舟里保全了性命的诺亚，为了探测洪水是否已经退去，就放出鸽子。当鸽子回来时，嘴里衔着一枝新摘下的橄榄枝。诺亚知道洪水已经退去，就回到陆地上。因此，鸽子和橄榄枝就成了和平的象征。

橄榄

橄榄又叫白榄、青果，属橄榄科。它是常绿乔木，高10～20米，全株有胶黏性芳香树脂。其叶呈椭圆形，11～15对形成奇数羽状复叶。花为白色，有芳香，小花20～300朵形成圆锥花序。花序里雄花最多，两性花较少，橄榄一般春季开花，秋季结果，结果率只有花的10%左右。核果呈椭圆形或纺锤形，果皮为绿色，成熟后呈淡黄色，果核坚硬。

橄榄原产我国，目前，还有小片野生橄榄林分布在广东、广西及云南西双版纳等地，以广东、福建栽培最多。橄榄鲜果味涩苦而甘，除鲜食外，可加工成蜜饯。中医常用它作清肺利咽药，治疗咽喉肿痛。橄榄种子含油20%，橄榄油可供工业应用。

为什么矮化果树产量高

这是因为大果树树高冠大，一棵大果树要占有2～3棵矮果树的土地面积。从圆球体表面积计算，2～3棵矮化果树的树冠面积，比一棵大果树的树冠面积要大。因此，矮化果树能提高光能的利用率，从而提高单位面积产量。同样，密植矮化果树的根系，其吸收养分的范围也大于稀植果树的根系，这就提高了土地的利用率，能吸收更多的养分。另外，大果树的树干高、枝条长、分枝少、阴枝多，水分和养分的运输距离长、消耗大，而矮化果树的树干矮、枝条短、分枝多、阴枝少，水分和养分的运输距离短、消耗少，这也是矮化果树单位面积产量比稀植果树产量高的原因。

总的来说，矮化果树具有营养面积大，光能利用率高，积累多消耗少，管理和收获方便，提早开花结果等优点。

☆荔　枝

荔枝属无患子科的常绿乔木，高约20米，是长寿而高产的果树，是我国名贵的特产水果。

荔枝

杨贵妃好荔枝

在中国古代，荔枝是一种很珍贵的果品，早在汉代，它就被当作贡品由几千里以外的岭南向京城递送。到了东汉和帝时，有人上书请求制止，和帝才下诏取消了荔枝的运送。到了唐代，唐玄宗为了满足杨贵妃能吃上新鲜荔枝的心愿，特地下令到四川涪州去取荔枝，飞骑传送数千里，给百姓带来了巨大的灾难。著名诗人杜牧"一骑红尘妃子笑，无人知是荔枝来"的诗句，即是吟咏此事。

荔枝原产华南。至今海南岛及云南等地仍有大量野生树种。据史料记载，我国栽培荔枝已有2000多年的历史。我国作为荔枝原产地和重要生产国，主要产区广泛分布于南方各省，尤以广东、福建、台湾、广西、四川等省栽培较多。

荔枝树根发达，喜高温，好光照，需水多。经过2000多年的培育，中国已有70多个名产品种。荔枝绝品是莆田的"冻紫"，有鸡蛋那么大，果壳紫色，果浆甜中透酸。荔枝佳品是广东增城的"挂绿"，它的果形如鸡卵，肉厚核小，质脆汁甜，入口留香，风味极佳。广东还有个特异的品种叫"水晶球"，白花、白壳、白肉、白核，而果浆红如血，味甘，香沁肺腑。还有早熟高产的"三月红"；迟熟而肉厚浓甜的"糯米糍"等。

荔枝树木材坚硬，通称酸枝，是贵重的木材。荔枝果色、香、味、形俱佳，营养丰富，是一种高级滋补果品。

"宋香"古荔

荔枝长寿而且高产。在福建莆田县有株名叫"宋香"的古荔，树高6.4米，树冠占地60平方米，树龄已有1300多年，至今枝叶苍翠，年产荔枝150千克左右。四川宜宾有棵千年荔枝，产量曾达1500千克之多。

荔枝又被称作"离枝"，意思是荔枝不能离枝，否则一日色变，三日味变。荔枝是一种高级滋补品，有养血、消肿、开胃、健脾的作用。

☆香　蕉

香蕉气味芳香、口感细软香甜。它与苹果、葡萄、柑橘并称为世界四大水果。

香蕉属芭蕉科，是多年生草本常绿树。它起源于东南亚的马来西亚、印度和我国的南方，已有数千年的栽培历史。我国香蕉产区主要分布于华南、云南及台湾等地。

香蕉果肉香甜绵软

香蕉种类繁多，全世界有50多个种类，300多个栽培品种。可根据用途分为三大类：第一种是观赏类香蕉，如美人蕉、红花蕉和琉球芭蕉等。第二种是果蔬类香蕉，分香蕉和甘蕉两种。第三种是纤维类香蕉，多产于菲律宾。

香蕉的营养价值很高，除了含钾特别丰富外，还含大量维生素A、B、C。据英国科学家研究，香蕉特别是青蕉中有促使胃黏膜细胞增长的物质，有防止胃溃疡的功效。香蕉除生食外，还可酿酒、制果子露等。叶鞘纤维可供造纸、制绳及麻类代用品等。

香蕉

香蕉是人们非常喜欢的一种水果，在我们吃香蕉的时候，会发现香蕉里没有籽。在植物界里，植物开花结果，是自然规律，香蕉开花以后，它结的果实里面真的没有籽吗？

香蕉的野生祖先能结出又多又硬的籽，果肉却很少，没什么食用价值。在人工栽培、选择下，野蕉逐渐朝人们所希望的方向发展，时间久了，它们就改变了结硬果的本性，结出了像我们今天吃到的香甜可口的香蕉。我们吃香蕉时，果肉里面可以看到一排排褐色的小点，这就是种子，只不过是没有得到充分发育的退化的种子罢了。香蕉用吸芽和地下球茎繁殖。

香蕉树

香蕉的吃法

香蕉的吃法也很多样，一些拉丁美洲国家将香蕉同菠萝一起烘制成美味可口的布丁；阿拉伯人喜欢用它做酥皮饼馅；乌干达和坦桑尼亚人还用它制啤酒和酿酒等，非洲国家还把香蕉当主食。

芒果

☆“热带果王”——芒果

芒果，是著名的热带水果，被誉为“热带果王”。芒果原产于亚洲南部的印度、马来半岛等地，后来逐渐被迁居到其他热带、亚热带地区。

芒果是一种常绿树，高可达 20 米，寿命也较长，可以活 300～400 年。每年 2～3 月开花结实，5～7 月果实成熟。每当成熟时节，芒果总是挂满枝头，黄色的果皮上泛着浅浅的红晕，让人垂涎欲滴。新鲜的芒果兼有杏、凤梨、柿、蜜桃的滋味，尝一口回味无穷，盛夏季节吃上几个，更让人觉得清爽可口，消暑解乏。

芒果同印度人的关系特别密切。4000 多年前印度人首先发现并培育栽种了芒果。据说，有个虔诚的信徒曾将自己的芒果园献给释迦牟尼，好让他在树荫下休息。在很多佛教寺院里，我们至今还能看到不少芒果树的叶、花、果的图案。

将芒果从印度介绍到中国来的人是唐代的玄奘，在他的《大唐西域记》里，曾有芒果这种植物的记载。现在我国广东、海南、台湾、云南等地都有大量栽培。芒果含有丰富的维生素，营养价值很高。它的树皮可以做染料，花和叶还可以治疗痢疾等疾病。

☆菠　萝

菠萝别名凤梨，是春秋交替时人们最喜爱的水果之一。菠萝为多年生常绿草本植物，它的茎非常短，叶子呈剑状，根据品种的不同，叶子边缘有的有刺，有的则无刺。它的花序从叶子中抽出，形状为椭圆形，颜色为紫红色。果实由吸芽和冠芽进行无性繁殖而来。因其香甜味美，不但可以即食还可以制成罐头，有“罐头之王”的美称。

菠萝除了可以鲜食外，还可以做蜜

菠萝

饯、糖果、果浆、清凉饮料，还可制成菠萝酒、菠萝醋、菠萝色拉和柠檬酸、酒精、乳酸等，以及加工制成罐头。菠萝含有对人体有益的丰富的果糖、葡萄糖、氨基酸、有机酸和维生素 C 等成分，其果汁可分解脂肪与蛋白质，具有助消化作用，饭后食用，大有益处。

春夏交替时，街头的水果摊上，堆满了削好的新鲜菠萝，香甜嫩脆，美味可口。菠萝能补益脾胃，是人们喜爱的水果之一，但是食之不当，容易患菠萝过敏症，严重时还会引起中毒。所以在食用菠萝时，要提防其中的有害物质带来的过敏反应，以防中毒。

采摘菠萝

☆菠萝蜜——茎花植物

在我国北方很少见到菠萝蜜树，但是街上的水果店里却经常见到菠萝蜜，它形状很像菠萝，长约 30 厘米，表面有六角形的凸起物，肉嫩清甜，芳香可口。

菠萝蜜

我们都知道，一般树木的树干或枝条上都有很多枝芽、叶芽和花芽。由于在植物生长过程中，有些枝芽、叶芽和花芽不发展，变成了隐芽。这些隐芽，一旦在有利的条件或顶端受到伤害的情况下，便能得到发展。菠萝蜜就是一种隐芽很多的植物。由于菠萝蜜生活在热带，在热带高温多湿的气候条件下，它们的花芽得到充分的发展，正是因为它的这种开花特性，人们称它为茎花植物。

茎花的出现，是和它的生长环境密切

相关的。它们处在森林的中下层，难免要受到大树木影响，得不到充分的阳光和空间。因此，在它们长期与环境斗争的过程中，形成了一种在茎上开花的习性，使它们能在阴暗茂密的森林条件下得以生存。菠萝蜜树就是热带雨林中的一种树，因此也就保持了茎花的特性。

☆柑　橘

我国栽培柑橘的历史悠久，是柑橘的主要原产地，名贵的品种很多。最大的是柚子，直径可达25厘米；最小的是"金豆"，果径不到1厘米。常见的有沙田柚、温州蜜橘、黄岩早桔、南丰蜜橘、福建红橘、新会甜橙、柠檬、香圆、佛手、代代、金弹、枳等。全国现有21个省种植柑橘，经济栽培区集中在四川、台湾、广东、广西、福建、浙江、江西、湖南、湖北、贵州和云南等11省区。

金钱橘

柑橘喜欢高温多湿的气候条件，抗寒力不强，最佳生长温度为15℃～35℃，如气温低于15℃，将停止生长。所以柑橘在我国南方各省才能生长。

柑橘的营养价值很高。它含有蔗糖、葡萄糖、果糖、柠檬酸和苹果酸等，其中糖与酸的含量比值是8∶1，因而具有独特的风味。柑橘的果实中还含有15种维生素和钙、磷、铁、镁、钾等矿物质，柑橘除鲜食外，还可加工成果汁、果酱、果酒及罐头。果皮可制蜜饯，提取香精，制果胶。在医用方面，柑橘性凉，味甘、酸，有生津止渴、开胃理气、醒酒利尿之功能。

柑橘的抗癌功效

柑橘之所以呈桔红色，是因为它富含维生素A这种成份。研究发现，饮用桔子汁后能明显减少慢性病毒性肝炎发展成肝癌的风险。

柚

柚是芸香科柑橘，属常绿乔木植物，高5～10米。小枝有刺。果皮平滑，淡黄色，肉瓢约12瓣，果实直径10～25厘米。我国长江以南各省区广泛栽培。其中最著名的是广西的沙田柚。越南、印度、斯里兰卡、缅甸等国也产。柚是亚热带主要水果之一，种仁含油达60%，根、叶及果皮入药，能消食化痰、理气散结、解毒消肿。

☆橘子瓣为什么都连在一起

橘子瓣能连在一起，主要是因为橘子的细胞中有果胶质。果胶质含有多种成分，其中最主要的有三种性质不同的成分。其实，世界上几乎没有单一成分的生物体，它们都或多或少地夹杂着许多其他成分。

水果在从生到熟的过程中，果胶质在不断地减少，而且化学性质也起了变化。因此，当你把橘子瓣掰开后，就再也粘不上了。即使用胶接剂，也不能把橘子瓣再粘在一起。

果胶质可以把植物的细胞粘在一起。人们为了增加果酱的粘度，也常往果酱里加一些果胶质。

橘子

☆酸甜多汁的杏

杏，又叫红杏、麦黄杏，系蔷薇科李属，是树龄在百年以上的长寿果树。

我国是杏的原产地，以黄河流域为中心，分布在中原、西北、华北和东北等地区，距今已有2600多年的栽培历史。

杏的种类很多，主要有野生种山杏、观赏种干叶杏和垂树种巴旦杏，还有花朵

杏

五色的稀有品种蓬莱杏，以及全国各地独具特点的名优品种食用杏。杏是仅次于樱桃早于桃李上市的夏令鲜果，且品种多、质量优。

杏味甜酸多汁，果肉营养含量高。它含有蛋白质、钙、磷、铁、胡萝卜素、尼克酸、抗坏血酸等。这些物质不仅为人体所必需，而且能润肺定喘、生津止渴、消食开胃。杏对人类健康大有益处。我国最早的医学著作《黄帝内经·素问》中，就记载了杏的医用价值。杏不仅可供鲜食，还可加工成杏干、蜜饯、果汁及罐头等多种食品。

杏

☆多汁香甜的梨

梨树属蔷薇科，梨属。这个属中共有25种，我国产14种，所以中国是世界梨树种类最多的国家。

我国是梨属植物的起源中心之一。早在2000年以前，已经广泛栽种梨树。《礼记》记载的14种果树中就有梨，到了汉初，我国果树栽培技术有了较大的发展，据考证当时已对梨树采用嫁接技术。现在国内水果总产量中梨占20%左右，年产量仅次于意大利，居世界第二位。

经济果树

中国梨树果龄长，产量高，是世界著名的经济果树。百龄梨树，仍然枝繁叶茂，硕果累累。

我国栽培的梨树品种，有六个系统：秋子梨、白梨、砂梨、新疆梨、川梨和西洋梨，共3000多个品种。中外闻名的名贵品种有很多。华北广植的鸭梨，果形倒卵状，果梗处凸起似鸭头，被誉为“梨中状元”。安徽砀山的酥梨，果实酥甜，贮存后有浓香。山东的莱阳梨，古为贡品，肉质细嫩。贵州的大黄梨，酸甜浓郁，有果中珍品之称。广西龙津的四季梨，四季结果。四川苍溪大雪梨，单果平均重1500克，名列世界前茅。

梨味甜，多汁，营养丰富，是深受广大群众欢迎的水果之一。除鲜食外，还可制作梨脯、梨汁、梨膏、梨酒和罐头等。梨果也是重要的中药，在医学上有帮助消化、消痰止咳、退热解毒等功效。

☆栽培量最大的果树——葡萄

葡萄是当今世界上栽培面积最大、产量最多的水果。它具有结果早、产量高、寿命长、树姿优美、适应性强、容易繁殖等特点，是绿化城乡、改善生活的理想果树。

葡萄酒

多产的葡萄

葡萄是当今世界产量最高的水果之一。它的花是一串一串的小黄花，果实也是一串一串的，每一串一般有几十颗甚至上百颗。

葡萄酒

葡萄可以用来酿酒，据核算，生产1万吨纯汁葡萄酒，可节约6000吨做酒的粮食。

葡萄的果色艳丽，汁多味美，营养丰富。果实含糖量达10%～30%，并含有多种维生素和钙、磷、铁等营养物质，有增进人体健康和治疗神经衰弱及过度疲劳的功效。

葡萄种植园

葡萄属葡萄科，是落叶木质藤本攀援果树。它靠卷须盘卷它物生长，根系发达，能贮藏大量营养。果实因品种不同，有黄绿、红紫、蓝黑诸色；多数为椭圆形或圆形浆果。

葡萄的品种繁多，全世界有8000多种，我国有500种以上。著名的品种有紫红浑圆、珠光宝气的“龙眼”，晶莹剔透、清香四溢的“无核白”等。“无核白”产于吐鲁番盆地，是晾制葡萄干的上等原料。市场上出售的鲜食品种以巨峰较多，它原产日本，果皮黑紫色，肉软多汁，子少味甜，果穗重达600克，果粒大，单粒最大重16克。巨峰是生产果树，也是早期结果的长寿树，可连续高产30年之久。

葡萄除鲜食外，还可加工成葡萄干，酿制葡萄酒。葡萄皮还可制取工业原料酒石酸，可用于照相业。葡萄核可榨油，提炼单宁。

☆葡萄为什么那样酸

葡萄是人人喜欢吃的果品，有的味道很香甜，有的酸甜可口，也有的酸涩难受。这是为什么呢?据专家分析：每一种葡萄果实中含有的糖分和有机酸的多少是不一样的。最甜的无核白葡萄，糖分含量达到25%，果汁粘手，用它做的葡萄干最好。

野生的山葡萄含有8%～10%的糖分，含酸仅占2%左右，吃起来却非常酸。同样一种葡萄，管理得好，光照充分，肥料足，成熟后采下来吃，味道很可口。相反，光照不好，叶子得了病，没成熟就采下来吃，自然会酸得让你挤眼皱眉了。

葡萄

☆为什么甘蔗一头甜

凡是吃过甘蔗的人，都知道甘蔗的上半截没有下半截甜，特别是甘蔗的梢头，简直淡而无味。为什么同一株甘蔗，甜淡悬殊这么大?

我们知道，当甘蔗还是幼苗的时候，

生命活动的主要部分是根和叶。根吸收水和养分，输入叶子。叶子吸收了二氧化碳，连同根部送来的水和养分，在阳光下，制造成自身所需的养料。这种幼苗时期的甘蔗，如果取来尝尝，会发现梢头和老头都没有什么甜味。但随着甘蔗的成长，它们的内部活动不仅旺盛而且复杂起来了。甘蔗的叶子要被剥几次。剥叶子的作用，除了加速甘蔗向上发展以外，主要是使甘蔗的茎秆接受阳光的照射，制造出更多的养料。一般来讲，植物制造的养料除了供自身消耗以外，多余部分就贮藏在根部，由于甘蔗茎秆制造成的养料绝大部分是糖，所以根部就积贮了不少的糖分。

甘蔗

此外，由于甘蔗叶子在不停地蒸发水分，所以甘蔗上特别是梢头总是保持着充足的水分，供叶子消耗。这些水分总是越近梢头越多，越近根部越少，而水分越多的地方，糖的浓度也就相对降低，甜味也就淡了，所以我们吃甘蔗的时候，总会发现甘蔗的老头比梢头甜。不过，如果甘蔗在地里长到10月以后，情况就会有改变，梢部也会同样地甜。

即将成熟的甘蔗

甘蔗林

☆瓜中上品——西瓜

西瓜是葫芦科一年生草本植物。瓜瓤多汁而甜，有深红、粉红、黄色或白色。在骄阳似火、令人口干舌燥的夏季，吃上一块清爽甜蜜的冰镇西瓜，一股凉意便会油然而生，让人觉得浑身上下舒服极了。这时候，你可曾想到，西瓜的故乡在哪里？

大西瓜

过去有人说，西瓜的故乡在意大利南部，有的说在印度。1849年，英国旅行家达维德·李文斯顿来到南非贝专纳的卡拉哈里沙漠。他无意中发现那渺无人烟的地面上，竟遍地覆盖着累累的野生西瓜。一群群大象和犀牛都在吮吸着它的汁液，狮子、羚羊、田鼠也在“瓜分”和享受这大自然的恩赐。这一惊人的发现，说明西瓜的故乡在非洲。

西瓜

野生西瓜分布于非洲中部的沙漠地带，3000 年前传入希腊，公元初期传入罗马和地中海沿岸各国。大约在公元 10 世纪我国五代时期，西瓜由中亚细亚经“丝绸之路”传入我国。因瓜种来自西部，所以取名“西瓜”，到了宋代，西瓜已传播到大江南北。

西瓜的营养十分丰富，含有蛋白质、磷酸、苹果酸、果糖、蔗糖、葡萄糖、氨基酸、胡萝卜素等营养物质。西瓜籽的蛋白质含量超过米、麦。它的皮、瓤、汁、籽都可入药，有甘凉、清暑、解渴、利尿的功效，是防暑消夏的最佳果品。

近年来，人们又培育出许多新奇的西瓜，如广东试种成功方型西瓜，日本培育出正方形的无籽西瓜，不仅式样美观、品种优良，而且便于搬运，很受国际市场的欢迎。

☆西瓜果实汁液多

西瓜是人们喜爱的夏令消暑果品。切开西瓜你可以看到，里面红红的肥厚果肉中，夹杂着好多西瓜子，这种果实在植物学上称为瓠果。

成熟的西瓜，果肉细胞间连接的果胶质溶解、细胞结合松散，果肉变得松软，果肉细胞含水量达90%以上，液泡内含糖量几乎在100%左右，所以果肉吃起来汁多味甜，还含有多种维生素和矿物质元素。吃西瓜能解渴，祛暑利尿，并有某些药用价值。

甜美多汁的西瓜

西瓜原产于非洲南部的沙漠里，距今已有4000年的历史。野生西瓜只有碗口大，重不到250克。通过人类千百年的选育，现在栽培的西瓜体积大了许多，一般可达5000克左右。

西瓜能结出圆滚滚、甜美多汁的果实，并不是专为人类消暑准备的，而是有它自身生存的意义。因为西瓜的原产地气候炎热，风大雨少，西瓜要在这样的环境中繁衍后代，它的果实结构必须与种子结构相适应。西瓜成熟后，果实滚圆的外形可随沙漠中的大风滚动到远方，果实成熟比重减小，若遇雨季洪水可随水漂向更远的地方。西瓜被送到远方后，果实腐烂裂开，流出了汁液，干燥地区可直接供种子萌发。此外西瓜的果实也可能被鸟、兽啃食，果肉被消化，瓜子（种子）却随粪便排出，生根发芽。

无籽西瓜真的没有籽吗

无籽西瓜是用普通西瓜培育出来的。科学家们发现一些瓜果如果在发育过程中，发生了某些变异后，就会结出无籽的果实，对这些瓜果进行研究，发现它们有一个共同的特点，即它们都为三倍体，而正常的果实为二倍体，也就是它们的染色体数目与原来的不一样。科学家们将这种发现应用于西瓜的种植上，用水仙碱浸泡二倍体的西瓜种子得到四倍体的种子作为“母本”，用普通西瓜做“父本”进行杂交，便得到了三倍体的无籽西瓜。

鉴别西瓜成熟的小窍门

1、成熟西瓜的瓜皮溜光透亮，瓜脐下陷，且西瓜与土地接触的那一部分变成了黄色。

2、用手指弹弹，如果声音沉闷则是熟瓜，如果声音听起来像是敲木鱼，则可能还未成熟。

3、将一只西瓜放入水中，如果瓜往上浮，那十拿九稳就是熟瓜了。

☆甜　瓜

甜瓜又叫香瓜，属葫芦科香瓜属一年生蔓生草本植物。卷须不分叉。叶片近圆形或肾形，长宽均8～15厘米，浅裂。雌雄同株，雄花常簇生，雌花单生，花冠黄色。果实的形状、颜色因品种而异，有香味，果皮平滑，种子浅白色。甜瓜品种繁多，果实变化较大，著名的新疆哈密瓜，即为其变种之一。甜瓜的果实可作水果或蔬菜，瓜蒂和种子可作药用。

普通甜瓜

哈密瓜

哈密瓜是甜瓜的一个变种，古称甜瓜、甘瓜。果实比较大，一般重1千克到10千克不等，形状为卵圆形或橄榄形。果皮黄色或青色，有各种斑纹。果皮、果肉都比较厚。肉质绵软，有青色或红色，味道既香又甜。哈密瓜喜欢生长在有充足的阳光和较大的昼夜温差的地区，不耐湿，适应性差。我国主产于新疆和甘肃敦煌一带。

☆长寿果——核桃

核桃是深受人们喜爱的食品之一。核桃树高大、粗壮，树叶呈羽毛状，最初呈青铜色，随着年龄的增长逐渐变为暗绿色。核桃树光滑的树皮为淡灰色，老树有裂缝。晚春或初夏时，核桃树就会开花，花很小，而且没有花瓣。

新疆是我国最早种植核桃的地区之一，其栽培历史之悠久，遍及地区之广泛，优良品种之繁杂均居全国前列。新疆核桃具有壳薄、果大、含油量高的特点。新疆

核桃

地区生长的核桃树有时一年能结两次果，这在其他地区是很罕见的。

核桃不仅营养价值极高，而且还具有较高的经济价值。它是一种可以作为干果、油料、木材、药物的四用树种。

核桃自古以来就有“长寿果”的美称，在历代养生的典籍中，核桃的养颜、润肌、乌发功能都是有口皆碑的。

当代医学证明，核桃还可降低胆固醇，对预防动脉硬化、高血压、冠心病等非常有效。

核桃仁

核桃外壳

核桃树一般被种植在山坡上，这样既有利于获取经济效益，又可防止坡地水土流失。

☆肾之果——栗子

栗子树是多年生的木本植物，寿命长、适应性强，容易生长。秋季，树上结满了成熟的果实——板栗。板栗藏在球形壳里，成熟时，板栗自动破壳坠落。一棵树上可以结板栗百余斤。栗子树可谓全身都是宝，不但果实是经济价值较高的木本粮食，就连其内果皮、外果皮、树叶、树皮及花皆可入药。

栗子

栗子不但具有较高的经济价值，而且其药用性自古以来便受到人们的重视。唐代大医学家孙思邈称栗子为“肾之果也，肾病宜食之”。明代李时珍则别有一番见解，说栗子有驱寒、止泻之功效。

用手捏栗子，如颗粒坚实，一般果肉丰满；如果颗粒空虚，则表明果肉已经干瘪。

栗子生命力强，易存活，并且可以代

粮食用，民间常将其与枣、柿并称“铁杆庄稼”。

栗子树的树皮有收敛的作用，而用鲜叶外敷，则可治疗某些皮肤炎症。

我国栗子有南栗和北栗之分。北栗一般颗粒较小，也较均匀，质量较好。现代医学研究表明，栗子中含糖及淀粉高达62%～70%，并含有丰富的蛋白质和脂肪，此外，还含有胡萝卜素、核黄素、抗坏血酸等多种维生素。

☆养颜果品——桃

桃属于蔷薇科李属果树，原产于我国西北高原，后传至全国和世界各地。目前，桃已跃居世界落叶果树总产量的第四位，成为一种世界性的重要水果。

桃的栽培历史已有3000年以上，品种繁多，时至今日，全世界桃的品种已超过3000个，仅我国就有300余种。主产区在浙江、江苏、陕西、山东、河北等省。

桃分观赏和食用两大类。观赏桃，枝叶风流，婀娜多姿，花朵艳丽，灿烂眩目，主要品种有美人桃、撒金桃、红碧桃、人面桃、花粉桃、瑞仙桃等。食用桃中，又分离核桃、粘核桃和光桃及毛桃。这些桃的形状、色泽、味道各有不同。著名的品种很多，其中，杭州的蟠桃、陕西的金桃、南京的时桃、山东的肥城桃、上海的水蜜桃、河北的六月鲜等最为珍贵。

桃

桃子果味细腻，汁多甜润，易于消化，营养丰富，含有蛋白质、脂肪、粗纤维、胡萝卜素、多糖、维生素和多种矿物质。桃还是一种传统的中药材，其花、叶、果、仁、根、皮皆可入药，具有生津、活血、润肠、消积、解劳热、健皮肤、祛痰利尿之功效。

美丽的桃花

桃树一般高4～8米，叶子为卵状披针形，边缘具细齿。桃树先开花，后长叶，花粉红色，非常美丽。

☆无花果没有花吗

“无花果”实际上是有花的，只是它的花朵隐藏在肥大的囊状花托里，在植物学上称为“隐头花序”。

它的肉质花托的内壁上，生长许多绒毛状的小花，淡红色，上半部为雄花，下半部为雌花。有的品种里面有寄生蜂产的卵，日后就靠羽化出来的寄生蜂传粉结出种子来，因此被称为虫瘿花。人们吃的无花果并不是果实，而是膨大成为肉球的花托。由于种子小而软，在生食时常感觉不出来。

无花果

无花果的老家在西南亚的沙特阿拉伯、也门等地。全世界栽培无花果的品种有 1000 多个，可分为四大类：普通型有单性结实性，一年结两次果；斯米尔型只有雌花，依靠无花果寄生蜂传粉才能结果；野生型有雌花、虫瘿花，但雌花少，结果小，可供授粉用；中间型是春季开花，不授粉能结果，秋季授过粉，才能发育成聚花果。

无花果味道鲜美，酷似香蕉，营养丰富。鲜果中果糖和葡萄糖的含量高达15%～28%，香甜如酥，可加工成蜜饯、果干、果酱和罐头食品。果干入药，能开胃止泄，治疗咽喉痛，是治疗喘咳、吐血和痔疮的良药。

在植物王国中像无花果这样结果不见花的树，还有榕树、菩提树、橡皮树、薜荔等。

无花果剖面

无花果侧面

☆树花生——腰果

腰果是经济价值很高的热带木本油料植物。由于它的果为肾形，好像“腰子”一样，故名腰果；又因它的种子好像花生一样香而多油，故有“树花生”之称。

在腰果的种子上取出的腰果仁味美可口，营养价值很高，可以生食，也可用来制高级糖果。油炸后的腰果仁，其味比花生还香。

腰果仁榨出的油为上等食用油，榨油后的油饼，营养丰富，含蛋白质35%，可食用，也可做家禽的饲料。

腰果的原产地是南美巴西，我国引种腰果已有数十年的历史，从1958年起在海南大量种植。雷州半岛、广西南部和云南南部都有种植，均能开花结果。

腰果

☆铁杆庄稼——柿子

柿子

古诗中称赞柿子“色胜金衣美，甘逾玉注入”，将甘美怡人的柿子描写得令人心驰神往，垂涎欲滴。每年，柿子树都会开满

丰收的柿子

一朵朵黄白色的花，待花落后，就会结出一个个又硬又青的果实。此时，它的味道很涩，不能食用，只有在烘藏一段时间后才能转为红色，其质软味甜，馨香可口，因此，在民间有“铁杆庄稼”之称。

现代医学研究表明，柿子中含有多种

人体所需的营养物质，如蔗糖、葡萄糖、维生素、胡萝卜素、钙、铁等成分。新鲜的柿子中还含有碘，因此，甲状腺肿大的病人多吃鲜柿子可治疗病痛，对身体健康大有益处。柿子虽然好吃，但不能多吃，因为柿子中含有较强的收敛物，吃多了会使人口涩、舌麻，并刺激肠壁收敛，造成肠液分泌少，消化吸收功能下降，严重者甚至可以引起胃穿孔。

柿子是先秦时代已栽培的果树。柿属植物广泛分布在热带与亚热带，但也只有中国柿是著名的温带果树。柿的鲜果多汁味甜，干燥后，含糖达62%。19世纪后半叶，柿子才从我国传入欧洲。

☆樱　桃

樱桃“最先百果而熟”，所以古代特别重视它。《礼记·月令》记载，周代以樱桃用于贵族宗庙的祭祀，就是因为“此果先成，异于余物”的缘故。樱桃虽小，然而“味甘，主调中”“令人好颜色，美志气”。故为广大群众喜爱。我国原产樱桃在植物学上叫“中国樱桃”，以区别于原产于西亚一带的甜樱桃和原产于南欧一带的酸樱桃，后两种都是近百年才传入我国的。

樱　桃

樱桃为蔷薇科李属落叶灌木或小乔木植物，高约8米。先开花，后出叶。核果近球形，直径约1厘米，红色，是很好的水果。核仁可入药，能发表透疹。树皮亦可入药，可收敛镇咳。根与叶可杀虫，治蛇伤。

樱桃

☆滋补佳品——大枣

枣树的适应力强，很容易成活，而且寿命长，一年种树，百年受益，所以人们很乐意栽种枣树。

枣树是鼠李科落叶乔木，少有横枝。4～5月间开黄绿小花，香味甚浓，是上等蜜源，花开时节，枣园放蜂，既可获蜜，又可提高坐果率。枣蜜质量上乘，每亩枣园可收蜜5.5千克左右。

生长中的大枣

枣果是营养丰富的滋补佳品。据国内多年研究表明，鲜枣含糖量19%～44%，干枣含糖量达50%～87%。枣果的维生素C含量极高，每100克果肉含维生素C达600～800毫克，相当于苹果的两三倍，比号称“维生素C之王”的猕猴桃还高。果实中还含有蛋白质、脂肪及钙、磷、铁等多种矿物质元素，这些都是人体不可缺少的营养物质。

枣

枣树的药用价值很高，枣果、枣仁、枣核、枣根、枣叶、枣树皮均可入药。

枣树木材质地坚硬，纹理细致，是雕刻印章、室内装饰及细木家具的上等用材。

☆“植物维生素之王”——刺梨

随着生活水平的提高，人们开始把注意力放在健康上，对那些人体必需元素含量高的绿色食品更为青睐。维生素是人体不可缺少的元素之一，人们当然喜欢那些维生素含量高的水果和蔬菜。

猕猴桃曾一度被认为是维生素含量最高的水果。它的维生素C含量相当于柑橘的5～16倍，苹果和梨的20～140倍，还含有维生素P和许多的氨基酸和矿质元素。后来，人们发现沙棘的维生素C含量是猕猴桃的4～5倍，番茄的25～150倍。沙棘还含有丰富的维生素A和维生素P。

现在，人们又发现了维生素含量更高的水果。刺梨果实中，每100克鲜果维生

刺梨

素C含量为1300～2700毫克，维生素P含量为6000毫克。它的维生素C含量相当于猕猴桃的7～13倍，柑橘的26～54倍，苹果的260～540倍。沙棘的维生素C含量为每100克鲜果1500～1700毫克，维生素P为1500毫克。所以，迄今为止，刺梨是公认的“植物维生素之王”。

沙棘

特色蔬菜

TE SE SHU CAI

☆减肥美容的黄瓜

黄瓜原产在印度热带潮湿地区，现在我国已经广泛栽培。据载“张骞出使西域得此种”，故又叫胡瓜。

黄瓜的营养价值很高，还可入药，它含有多种维生素、蛋白质、碳水化合物及磷、钾、铁、镁、钙等，有开胃增进食欲的作用。其中维生素C，能增强抗病能力和预防坏血病；丰富的钾盐，还能治疗肾脏病和水肿病等症。鲜黄瓜中含有抑制糖类物质转化为脂肪的丙醇二酸，肥胖者常食，可起到减肥的目的。鲜黄瓜汁具有润肤去皱的美容效果。黄瓜还含有促进蛋白质吸收的酶，与肉类同烹，可提高蛋白质的吸收率；它还有生物活性酶，能促进肌体代谢。黄瓜的藤、叶、果实都可入药，自然干燥的黄瓜藤，有扩张血管、减慢心率、降低血压的功效；其叶晒干研末，可治腹泻；老黄瓜皮可治疗初期浮肿。

黄瓜花

黄瓜

黄瓜属葫芦科一年生草本植物，喜温、喜光。它的茎蔓，靠茎卷须攀援在别的物体上生长，在栽培时需设立支架扶持。

☆哪些野菜能够食用

萝卜、白菜、茄子、豆夹、黄瓜等常见蔬菜，都是经人工的培养护理长成的。可是地里还有很多很多的野菜，味道也很鲜美，采摘来做菜食用再好不过了。由于野菜自生自长，没有农药污染，有的还可以入药治病。常见的能够吃的野菜有荠菜、车前草、刺菜、灰灰菜、马齿苋、野苋菜、苦苣菜、猪毛菜等。把这些野菜的嫩茎、叶冲洗干净，用开水泡一泡，做成菜汤、炒

成盘，进行凉调冷拌，都很好吃。马齿苋、苦苣菜还能治痢疾，牙龈流血等病。常食用野菜，能促进消化，增强体力，清热解毒，明目。

☆为什么胡萝卜富含营养

胡萝卜

胡萝卜是一种栽培历史悠久的蔬菜，它在欧洲已栽培2000多年了，古代罗马人和希腊人对它都很熟悉，在瑞士曾发现过它的化石。在13世纪时，胡萝卜由小亚细亚传入我国，因为它有一个像萝卜那样粗、长的根，所以被称为“胡萝卜”。

胡萝卜含有丰富的胡萝卜素，以及大量的糖类、淀粉和一些维生素B和维生素C等营养物质。特别是胡萝卜素，它经消化后水解，变成加倍的维生素A，能促进身体发育、脂肪分解、增加角膜营养、骨骼构成等。

是不是所有的胡萝卜都富含胡萝卜素呢?胡萝卜的根有红、黄、白等几种色泽，其中以红、黄两种居多。经分析，胡萝卜根的颜色越浓，含胡萝卜素越多。每100克红色胡萝卜中，胡萝卜素的含量可达16.8毫克；每100克黄色胡萝卜中，只含10.5毫克；而白色胡萝卜中，则缺乏胡萝卜素。同一种胡萝卜，生长在15℃～21℃的气温条件下，根的色泽较浓，胡萝卜素的含量就高；如生长在低于15℃或高于21℃的气温条件下，根的色泽就淡些，胡萝卜素的含量也低些。土壤干旱或湿度过大，或者氮肥用量过多，都会使胡萝卜根的颜色变淡，胡萝卜素的含量降低。

许多豆类和蔬菜煮熟后，它们所含的蛋白质和维生素C就会凝固或被破坏，供人体吸收的营养已不多。胡萝卜素则不然，它不溶于水，受热的影响很小，经炒、煮、蒸、晒后，胡萝卜素仅有少量被破坏。所以，胡萝卜生、熟食都适宜，尤其是煮熟后，比其他蔬菜的营养价值高多了。

胡萝卜地

☆辣椒——营养辣袋

辣椒富含维生素C、赖氨酸,素有“营养辣袋”之称。

辣椒又名番椒,原产南美热带地区。它是一年生的草本茄科植物,在南方热带地区为多年生植物。辣椒的果形多样,有长角、椭圆、扁圆、纺锤形等;果皮颜色有红、绿、黄、紫等。世界上最辣的辣椒是中国云南景颇族地区出产的辣椒。据测定,它的辣度至少相当于朝天辣椒的10倍。

小辣椒

辣椒饰物

辣椒的辣味来自“辣椒碱”。辣椒不仅是大众喜爱的调味蔬菜,而且还有健胃、祛风、行血、散寒、解郁、导滞之功。适当食用辣椒,可以刺激味蕾,增进食欲,促进消化。但是胃病、高血压、眼疾患者应禁食辣

菜椒

菜椒

菜椒又叫灯笼椒、柿子椒、大辣椒、青椒,是常见蔬菜,世界各地均广泛栽培,它属茄科。菜椒属一年生草本植物,高50厘米左右。叶长圆形或卵形,单叶互生。花单生于枝腋或叶腋,花冠白色。浆果下垂,近球形、圆柱形或扁球形,多纵沟,顶端平或稍内陷,味不辣、稍辣或稍甜。果实直径可达5厘米,未成熟时绿色,成熟后红色。花期5~8月,果期9~10月。

椒；肝炎、肾炎、肺炎、咽喉炎、疖肿患者以少吃为宜。

五色椒

五色椒又叫指天椒、佛手椒、珍珠椒，茄科辣椒属草本植物。茎半木质化或半灌木状，高40～60厘米。浆果直立，指形，圆锥形或球形，有红、黄、白、紫等色。

五色椒原产于美洲热带，现各国广为栽培。果实可食用和作调味品。作草药用，能祛风散寒、舒筋活络、杀虫等。还可栽培五色椒用于观赏。

☆保健蔬菜——萝卜

常言道："冬吃萝卜夏吃姜，不劳医生开药方"，充分说明萝卜的保健防病作用。

萝卜又称"莱菔"，属十字花科。它是一年生或二年生草本植物，直根粗壮，肉质，呈圆锥圆球、长圆锥、扁圆等形状，有白、绿、红、紫等色。萝卜有的较耐寒，有的较耐热。其中四季萝卜生长期短，除了严寒酷暑外，随时可以播种，适于在壤土或沙壤土中生长。萝卜原产我国，几乎各地均有栽培，它的种子播入土中，经半个月左右，便长出有两片高叶的幼苗，叫"娃娃萝卜菜"，用它炒食或做汤鲜嫩爽口；幼苗长出4～5片叶后，形如鸡毛，叫"鸡毛菜"，或煮或炒，脆嫩清鲜；肉质根开始形成时，刚刚"破肚"，叫"泡根菜"。

萝卜是我国人民喜食的主要蔬菜之一，脆甜多汁者可代水果。它营养丰富，含维生素、碳水化合物及钙、磷、铁等矿物质。据测定100克鲜萝卜中含维生素C在30毫克以上，比梨和苹果的含量还要高，故有"萝卜赛梨"之说。萝卜中的芥子油和淀粉酶能促进胃肠蠕动，增进食欲，帮助消化；它还含有消化酶和木质素，具有抗癌作用；种子可入药，称"莱菔子"，具有下气、消积、化痰等作用，主治食积腹胀、咳嗽痰喘等症。

萝卜

☆为什么萝卜的皮比心儿辣

萝卜是一种营养成分很高的蔬菜，可以吃也可以凉拌，小朋友特爱吃。拿起萝卜用清水冲洗干净就可以食用了，但是有一个疑问：为什么萝卜的皮比心儿辣？

这是因为萝卜里面含有一种叫“芥子油”的辣性物质，“芥子油”辣味很浓，由于在萝卜里分配不均，萝卜皮上的芥子油多一些，心儿里少些；萝卜根上的芥子油多些，头上少些，所以萝卜的皮比心儿辣，萝卜的根比头辣。

萝卜生吃时很辣，做熟后就不辣了，是因为芥子油怕热，一遇到高温，它就会跑掉。

☆乡村蔬菜——南瓜

南瓜是我国乡村习惯种植的食用瓜之一。由于它叶腋侧边生有一种卷须，因此具有攀援爬行的本领。南瓜茎蔓呈五棱形，无硬刺。叶子为五角状心脏形。花冠裂片大，黄色；果实有长圆形，扁圆形等形状，果面平滑或有瘤；老熟后外皮粘有白粉。人们常常将它种在田边的棚架下，有意让它向上爬。当它茎叶繁茂时，宽宽的叶子就会爬满棚架，不但能充分吸收阳光，还可以给人造就天然的凉棚，供人们纳凉避暑。到了果熟期，那大大小小、横七竖八的南瓜，有的像木桶，有的像磨盘，有的像梭子，形形色色，美不胜收。

南瓜花

南瓜

南瓜属葫芦科，一年生草本植物。别称番瓜、饭瓜。南瓜是当今国内外公认的保健食品，除果实供食用外，其嫩梢、花

朵、种子均可食用。

南瓜有补中益气、润肺化痰等作用。近年来研究表明，南瓜中含有丰富的果胶，可延缓肠道对糖和脂质的吸收；微量元素钴是胰岛细胞合成胰岛素所必需的微量元素。

南瓜的妙用

南瓜在非洲被视为乐器的始祖。老熟的南瓜，瓜皮很硬，敲击时可发出清脆的响声，所以非洲人又把它当作原始的板鼓。在北美洲，南瓜被雕成精致的鸟笼，还被用来做捕猴子的诱饵。南瓜在我国既可当菜，又可代粮。老熟的南瓜甘甜无比，南瓜饭、南瓜汤、南瓜饼等都是令人垂涎的美食。

☆最好的大众化蔬菜——马铃薯

马铃薯也叫洋芋、土豆、山药蛋。它是粮食作物之一，也是最好的大众化蔬菜。原产南美洲，现广植于全世界温带地区，我国各地均有栽培。

马铃薯的块根是贮藏养分的器官，也是供食用的部分。其营养成分主要有胡萝卜素、维生素和铁、钙等矿物质，同时它含钠量少而含钾量高，营养学家们称它为高钾低钠食品，除用作主食外，还可制作粉丝等食品。工业加工以鲜薯或干薯提取淀粉，广泛用于纺织、造纸、医药等工业。马铃薯的根、茎、叶还可作为畜禽饲料。

土豆花

马铃薯

值得一提的是，马铃薯含有一种叫龙葵素的毒素，平时含量极少，对人体健康无害。但当块茎发芽或已经变绿或开始溃烂时，龙葵素的含量明显增加，因此，食用发芽、变绿或溃烂的马铃薯时，就有中毒的危险。所以在食用马铃薯时，一定要削去嫩芽、变绿或溃烂的部分。此外，将马铃薯彻底煮熟煮烂，龙葵素的毒性也随之消失。

芹菜

☆芹　菜

芹菜原产于地中海地区和中东；古代希腊人和罗马人用于调味，古代中国亦用于医药。芹菜属伞形科植物，有水芹、旱芹两种，功能相近，药用以旱芹为佳。旱芹香气较浓，又名“香芹”，亦称“药芹”。

芹菜是高纤维食物，它经肠内消化作用产生一种木质素或肠内脂的物质，这类物质是一种抗氧化剂。常吃芹菜，尤其是吃芹菜叶，对预防高血压、动脉硬化等都十分有益，并有辅助治疗作用。芹菜是高纤维食物，含酸性的降压成分，可平肝降压。有专家还从芹菜中分离出一种碱性成分，其对动物有镇静作用，对人体能起镇静安神作用，有利于安定情绪，消除烦躁。

芹菜杆

芹菜含有丰富的胡萝卜素、碳水化合物、脂肪、B族维生素、维生素C、糖类、氨基酸及矿物质和膳食纤维，其中磷和钙的含量较高。另外芹菜叶营养成分要高于芹菜茎，叶中胡萝卜素的含量是茎的88倍；维生素C的含量是茎的13倍；维生素B1的含量是茎的17倍；蛋白质的含量是茎的11倍；钙的含量是茎的2倍。

☆蔬中良药——大蒜

大蒜又名蒜、胡蒜，原产欧洲南部和中亚。我国栽培大蒜已有2000多年历史，全国各地均有栽培。食用部分分为幼嫩的青蒜、长大的蒜苔和成熟时的蒜头。青蒜和蒜苔可炒食，蒜头可生食、淹渍和佐餐调味。另外，蒜中含植物杀菌素，这种物质具有极强的杀灭各种真菌、细菌、病毒的能力。科学家曾做过一个试验：将大蒜捣

烂，用吸管吸取蒜汁，滴入装有许多白喉杆菌的培养皿里。过一会儿在显微镜下观察，只要是蒜汁流淌过的地方，白喉杆菌都死光了。蒜素的杀菌威力非常强大，几乎是青霉素的100倍。在第二次世界大战期间，前苏联医生用大蒜制剂拯救了无数反法西斯战士的生命。大蒜的这种抑制和杀灭细菌的药用功效，可治疗痢疾、肠炎、百日咳、感冒鼻塞、肺虚久咳等疾病。据美国医学家研究发现，大蒜还能降低血液中的胆固醇含量，防止动脉硬化，增强人体的抗癌免疫力。经常吃大蒜的人患冠心病的概率低，因为大蒜中的硒能保护心脏，降低胆固醇，治疗高血压。大蒜中的锗能提高人体中巨噬细胞的消化能力，巨噬细胞不但能吞吃有毒病菌，还能把癌细胞一个个吃掉，起到抗癌、防癌的作用。

大蒜有紫皮蒜和白皮蒜之分。紫皮蒜瓣少而大，辛辣味浓，其蒜苔产量高，休眠期较长，多春季播种。白皮蒜辛味较淡，其蒜苔产量较低，耐寒性强，休眠期较短，多秋季播种。

大蒜

大蒜的保健作用

大蒜自古就被当作天然杀菌剂，有“天然抗生素”之称。它没有任何副作用，是人体循环及神经系统的天然强健剂。研究发现，大蒜有抗癌、抗衰老、保护心血管等作用。数千年来，中国、埃及、印度等国将大蒜既作为食物也作为传统药物应用。在美国，大蒜素制剂已排在人参、银杏等保健药物的首位，它的保健功能可谓妇孺皆知。但在实际生活中，由于大蒜的气味具刺激性和因人而异的口味及饮食习惯，许多人日常摄入的大蒜素微乎其微。

☆卷心菜

卷心菜，又名结球甘蓝，为十字花科植物甘蓝的茎叶，别名圆白菜、洋白菜、包心菜、大头菜、高丽菜，莲花白等。它属于甘蓝的变种，我国各地都有栽培。卷心菜在外国的地位很高，犹如白菜之在中国，这就是“洋白菜”这一名称的由来。

卷心菜和大白菜一样产量高、耐储藏，是四季的佳蔬。德国人认为，圆白菜是菜中之王，它能治百病。西方人用圆白菜治病的“偏方”，就像中国人用萝卜治

卷心菜

病一样常见。现在市场上还有一种紫色的圆白菜叫紫甘蓝，营养功能基本上和圆白菜相同。卷心菜原产于地中海沿岸，由不结球的野生甘蓝演进而来，13世纪在欧洲开始出现结球甘蓝类型。16世纪开始传入中国。

☆美味佳菜——茄子

茄子又称酪苏、矮瓜、昆仑紫瓜等，原产于热带的印度，在我国栽培已有1000多年的历史。茄子适应性强，各地均有栽培。采用小高畦和沟畦栽种、地膜覆盖栽培，产量高，经济效益非常显著，有亩产达5500千克的历史最高纪录。露地茄子的采收期从初夏延续到晚秋，是夏秋季供应市场的主要蔬菜之一。

茄子

茄子的果实为浆果，以嫩果的果皮、胎座的海绵薄壁组织为食用器官。果实的颜色有紫色、绿色、暗紫色、赤紫色、青色、白色等；形状有圆球形、长条形、扁圆形、倒卵圆形等。茄子含有多种维生素、蛋白质、糖类、钙、铁、锌、硒等营养物质，食法多种多样，还具有一定的医疗价值。

成熟的茄子

☆辛辣蔬菜——大葱

大葱是百合科葱属多年生草本植物，全株具有强烈辛辣味。叶圆柱形，中空，长达50厘米，具白色霜粉，含黏液。花白色，多花密集成，顶生球状伞形花序。蒴果球形，种子多数，黑色。它生于田园，全国各地均有栽培。

大葱是常见蔬菜调味品之一，全草可入药，有发汗解毒、通阳、利尿作用。

大葱

☆菜中之王——菠菜

菠菜又称赤根菜、波斯草等。它原产于波斯，唐代传入我国种植，为藜科菠菜属中以绿叶为主要产品的一、二年生草本植物。在蔬菜中菠菜的营养价值最高，据测定每千克菠菜中含钙1030毫克、维生素C 380毫克、蛋白质25克、脂肪3克，还有丰富的铁质和胡萝卜素等，可炒食、凉拌或做汤，食用后对胃和胰腺的分泌功能有良好作用，还可预防维生素缺乏症。但菠菜含有较多的草酸，食用过多会影响钙的吸收。

菠菜在北方地区是常年性的绿叶菜。按不同季节和食用方式分为：越冬大根茬菠菜、越冬小根茬菠菜、埋头菠菜、大叶菠菜、汤菠菜、青头菠菜及红头菠菜等。

菠菜直根发达，红色，味甜可食。抽苔前叶片簇生于短缩茎。雌雄异株，属风媒花。根据果实上刺的有无，分为有刺和无刺两个变种。种子寿命一般3～5年。菠菜的适应性强，生育期短，一年四季均有栽培，它对土壤的要求不严格，耐酸性较弱，对氮磷钾的吸收比例为2∶1∶2.5。若用地膜或旧农膜覆盖栽培越冬根茬菠菜，防寒保苗，促早熟，能增产30%以上。

菠菜

☆苦味蔬菜——苦瓜

苦瓜又名凉瓜、癞瓜、锦荔枝等，系葫芦科苦瓜属一年生攀援性草本植物，起源于亚热带地区，我国南方地区栽培较为普遍，北方虽栽培时间短，但发展较迅速。

苦瓜以嫩果供食用，营养丰富，每100克果肉内约含水分94克，脂肪0.2克，蛋白质0.9克，碳水化合物3.2克，粗纤维1.1克，维生素C84毫克，此外还含有钙、磷、铁等矿物元素。另外，嫩瓜含糖甙量较高，食用时有特殊的苦味，但清爽可口，有增进食欲、助消化、清热解暑和利尿等功效，随着瓜的成熟，糖甙逐渐被分解，苦味变淡。苦瓜适于炒食、凉拌，也可以加工糖腌渍苦瓜，晒干或制成罐头。

苦瓜根系发达，根群主要分布在30厘米深的土层内。茎蔓生，五棱，深绿色，被茸毛。初生真叶对生，以后互生。雌雄异花同株。瓜果有长圆锥形、短圆锥形及纺锤形，表面有10条左右不规则凸起的纵棱。

苦瓜

苦瓜有清热解暑的功效

苦瓜喜温耐热，适于夏季高温季节栽培。

☆为什么洋葱头不易干

洋葱的故乡是又干又热的沙漠。在那里，水比黄金还宝贵。为了能够在这样干旱的气候中生存下去，洋葱非常珍惜自己获得的一点点水分和营养物质，将自己用一层又一层的“衣服”——鳞片紧紧包裹起来，不使水分轻易地从它的身体里逃走。

如今，虽然人们把洋葱请到自己的田园里“居住”，可以有充分的水让它“喝”，但是，洋葱的“老脾气”仍然没改。

洋葱

洋葱头保存水分和营养物质的本领是惊人的，那薄而紧密的多层的鳞片，足以使它在一年以内不致于干枯，甚至贮藏在热的炉灶旁边也是一样，到了第二年，洋葱头照样还能发芽生根，开始新的生长。

☆“金色苹果”——番茄

番茄又称西红柿、洋柿子。它原产美洲的秘鲁、厄瓜多尔等地，约17世纪传入我国。它的形状如柿，来自西方，故称西红柿。它营养丰富，既作水果，又作蔬菜，有“金色苹果”之称。

小西红柿

番茄含有丰富的矿物质、碳水化合物、维生素、有机酸等营养成分，每100克含20～30毫克维生素C，由于受着酸的保护，维生素C在烹调中不易被破坏；含磷、钾、镁、铁等矿物质，能调节人体的生理功能，增进营养；含番茄素，能助消化、利小便、通大便。适量多吃番茄，可解除疲劳，增进心肌功能，对心脏病患者有好处。

番茄

番茄是一年生草本植物，全株生有软毛，能分泌有臭味的汁液，因此它很少遭到虫害。它是喜温、喜光植物，不耐霜冻，生长期间要求充足的光照和水分。目前，我国大部分地区采用塑料大棚栽培番茄，这样既能消除季节的影响，又能使其较大幅

西红柿

度地提高产量。而在日、英、美等发达国家，多采用无土栽培法栽培番茄，有的地区每公顷番茄的产量可达90万千克。

西红柿的功效

西红柿营养价值高，富含果酸、维生素（尤其是维生素C）、类胡萝卜素、矿质元素，而且口味十分独特，极大地丰富了人类饮食的品类。中医认为，常吃西红柿有生津止渴、健胃消食的功效。当我们在炎热的夏季爬山、劳作感到口干舌燥时，吃上一两个鲜西红柿或糖拌西红柿，顿感清爽、舒适。现代医学认为常吃西红柿对预防癌症、前列腺炎等十分有益。西红柿对人类的影响已远远超过了人们最初的想象。

经济作物

JING JI ZUO WU

☆地上开花、地下结果的花生

花生是豆科作物，陆地上的植物只有花生是在地上开花，地下结果的，而且一定要在黑暗的土壤环境中才能生长，所以人们称它“落花生”。花生是我国四大油料作物之一。

花生的果仁

我国花生栽培已有1500多年历史，比较集中分布在山东、河南、河北、江苏、广西、辽宁、四川等省区。全国种植面积和产量居世界第二位。以山东省出产最多，约占全国的1/3。

花生在地下结果

花生对土壤的适应力很强，除盐碱地外，各种土壤均可种植。在平原沙土和丘陵山地都适宜种植，并且种植花生后能提高土壤肥力。

花生的营养价值很高。种子含油50%～55%。花生油具有清香气味，是一种优质食用油。花生饼中蛋白质含量高达50%左右，是食品加工工业的原料和优良的精饲料。花生仁能制成多种人们喜爱的小食品。花生衣含止血素，可用于制药。花生的茎叶营养价值也很高，含有蛋白质、脂肪和丰富的胡萝卜素。荚壳里也含有较多的养分，可消化率高，粉碎后也是良好的饲料和肥料。

☆发霉的花生为什么有毒

花生如果存放不当，就会发霉。有些人不舍得把发了霉的花生扔掉，清洗、晾晒后仍然继续吃。这样做是非常危险的，因为发了霉的花生带有大量的霉菌和霉菌所分泌的毒素。

花生

花生含有丰富的蛋白质、脂肪和碳水化合物，是霉菌生长的良好培养基，只要温度和湿度适宜，很容易被霉菌侵染，有些霉菌还会分泌出有毒的代谢产物。如果花生被这种有毒的菌种污染，它就会沾染上毒素，吃了会危害人们的身体健康。

发霉的花生中含有大量的黄曲霉菌。据研究发现，黄曲霉菌在温度较高、相对湿度较大的条件下，就会在花生上大量繁殖，同时分泌黄曲霉素。黄曲霉素有很强的毒性，能对绝大多数动物起急性毒害作用，而且具有明显的致癌作用，对人畜的健康危害很大。

另外，霉菌在生长繁殖时，需要大量的营养，花生正好成了霉菌的“营养基地”。因此，发霉的花生也就没有什么营养价值可言，我们当然就不能再吃它了。

☆风行世界的油料作物——向日葵

向日葵长着一根长而直的茎杆，植株较高的可达3米左右。叶子宽大，形状像人的手掌，叶子的两面都比较粗糙。夏天，向日葵的茎上面长出一个又大又圆的花盘，花盘的边缘由上百朵小花整齐排列而成。中间部分的小花呈管状，边缘的小花呈舌状。秋天，向日葵的每一朵管状花都变成了一颗颗种子，这就是又香又脆的葵花籽。由于它的花体结构有驱热的特征，所以它总是向着太阳，故名“向日葵”。

夏秋季节，向日葵开花了，黄色的花盘越长越大，就好像一张张笑脸迎着阳光移动。实际上，向日葵的大花盘不是一朵花，它是由许多小花组成的。

向日葵是一种异花授粉的作物，它必须靠蜜蜂等昆虫或微风来传粉。向日葵的生长地分布十分广泛。因大部分生长在温带和寒带地区，它具有适应寒冷、干燥的环境。

向日葵的家族属菊科，是风行世界的油料作物。我们炒菜的葵花油就是用向日葵的种子提炼的。

☆向日葵为什么总跟着太阳转

我们常说："葵花朵朵向太阳。"那么，向日葵为什么总是跟着太阳转呢？

原来，在向日葵花盘下面的茎部含有一种奇妙的"植物生长素"。这种植物生长素具有两个特点：一是背光，一遇光线照射，背光部分的生长素会比向光部分多；二是生长素能够刺激细胞的生长，加快分裂繁殖。

清晨，当太阳从东方冉冉升起，向日葵花盘下面的茎干里的植物生长素，就集中到西边背光的一面去，并且刺激背光的一面的细胞迅速繁殖，于是，背光的一面比向光的一面生长得快，这样，整个花盘就朝着太阳弯曲。随着太阳由东向西的移动，植物生长素在茎里也不断地背着阳光移动。所以，向日葵就总是跟着太阳转。

向日葵

背阴处的向日葵也向着太阳吗

人们都知道，向日葵整天朝太阳转。太阳在东边，它就头朝东；太阳在西边，它就头朝西。那么背阴处的向日葵也总朝着太阳吗？回答是肯定的。因为任何植物都有朝向亮处的特性。所谓背阴处，就是指阳光不能直接照射之处，也就是光弱之处。在光弱之处的向日葵更需要光，它当然更需要朝向太阳了。

绿色植物在一点光都没有的黑暗之处，是不能生长的。

如果把在阳光下长大的植物放到漆黑的地方，植物会很快生长着从黑暗处伸出来。

☆衣料之源——棉花

棉花是人类的衣料之源，属锦葵料，原产印度，是多年生灌木。后来经过引种成为一年生草本作物，东汉时传入我国。

我国是世界上主要产棉国之一。全国除最北部的少数地区和青藏高原外，其余各省均有棉花种植。

棉花一般是白色的，但最近秘鲁发现了一种具有白色、米色、褐色、紫色、灰色等五种天然颜色的棉花品种。前苏联科学家用杂交的方法培育成了红、绿、蓝、黄等20多种有色棉花。如果有色棉花大量种植，就可以直接织出五颜六色的花布。

我国的棉花产量高、品质好，棉织品轻盈柔软，色泽艳丽，为人民提供了精美的衣着原料。另外，棉花还是制造炸药、塑料和药棉的重要原料。种子仁可榨油，称棉籽油，可以食用。棉花还可以作为化学等其他工业的原料，如纸张、照相胶卷、绝缘材料、人造皮革等。

棉花

☆造纸原料——芦苇

芦苇是一种水生植物，它们的身体大部分挺出水面生长，根状茎很粗壮，这样可以保护它们纤细的身姿不会被狂风连根拔起。芦苇生长迅速，而且分布密集。许多地方利用这一特征治理土壤侵蚀。另外，芦苇还是一种优良的造纸原料，而且它的杆还可以用于乐器的制造。在编织品中，芦苇也同样是重要的原材料。

芦苇主要分布在我国的辽东湾及渤海湾，其中的大凌河口是我国最大的芦苇场和最长的芦苇海岸。这里地势低平，水源丰富，形成大片淡水沼泽，沼泽的平均水深为20～30厘米。每年春天，芦苇的根状茎发芽，长出新株；到了夏天，就形成一片郁郁葱葱的青纱帐。此时的海岸，绿波叠翠，生机盎然。

大面积的芦苇地被称为芦苇荡，它不仅是各种鸟类的栖息地，而且芦苇的根部

芦苇

还起到了有效的天然过滤作用，当河流流过时，许多污染物都被留了下来。芦苇还是天然的“消浪器”，它可以使波浪由大到小，由小化无。潮水携带的泥沙也会被芦苇荡留下来。日积月累，就会形成广阔的泥滩，随着海水的后退，滩面的升高，还会生成大片的土地。

☆在亚洲广泛种植的水稻

稻的生产主要在亚洲，其播种面积和产量均占世界的90%。水稻种植几乎遍布我国，但主要分布于秦岭淮河以南的长江中下游平原、珠江三角洲平原、四川盆地和广大的丘陵地区，而江西和湖南两省水田面积占耕地面积的80%以上。水稻的类型和品种较多。按地理分布、形态特征、生理特征和品种亲缘关系的差异分为籼稻和粳稻。“秧好一半稻”，说明培育壮秧是水稻高产的重要环节。为了培育壮秧，必须从精选谷种、催好芽开始，抓好精整秧板、适期播种、适量匀播，精细管理等各个环节。

稻米营养丰富，约含淀粉70%，蛋白质8.5%，脂肪1%，易于消化、吸收，并富含赖

芦苇是天然的“消浪器”

水稻

氨酸等。除作为主食外，还是加工婴幼儿食品的良好原料，也可酿酒、制淀粉。

另外，在我国广大的水稻种植区中，还分布着一些稻米中的精品——紫米和黑米，其营养价值极高，有滋补功效，还可酿制成黑米酒等保健饮品。

☆位列五谷之首的小麦

小麦栽培在我国有数千年的历史。小麦含有丰富的淀粉、蛋白质、脂肪、维生素、磷、钙、铁等物质，营养价值很高，适于人类生理的需要。目前，全世界有三分之一的人口(约20亿)是以小麦为主食的，故称小麦为五谷之首。

小麦有冬小麦和春小麦两种，我国以冬小麦为主。冬小麦在寒冷的冬季生长，能充分利用冬春季节的光、温、水等自然资源，并与春播或夏播作物相配合、轮作倒茬，提高了土地的利用率。小麦是一种比较高产稳产的作物，在生长期间，加强田间管理，增产的潜力很大。

小麦

小麦杆高约1米，叶片披针形，穗状花序长约5～10厘米，通常具麦芒。小麦麸可入药，能助消化、治脚气，还可做饲料。小麦杆可供编织或造纸。

☆玉米——饲料之王

玉米有“饲料之王”之称。无论是籽粒或藁杆，其饲料价值都超过一般谷类作物。随着产量的不断提高，世界各国都将玉米作为加工饲料的原料。

玉米原产中美的墨西哥和南美的秘鲁，传入我国已有460余年的历史，目前我国已成为世界上栽培玉米最多的国家之一。四川、河北、河南、山东、陕西、东北等地为主要产区。

玉米生长对自然条件要求不严，在同样的气候条件，同样的栽培条件下，玉米的

玉米

产量总是高于其他作物。玉米喜温、喜光，对水的要求较低，适合在山地丘陵种植。在种植其他作物产量低，或其他作物无法种植的地区，种植玉米仍然可获得较高的产量。

玉米籽粒营养价值较高，一般含碳水化合物72%左右；含脂肪4.5%左右，是所有谷类作物中脂肪含量最高的一种作物；含蛋白质10%左右，仅次于小麦粉和小米，而高于大米；其维生素B(核黄素)的含量也高于其他谷类作物。

玉米籽粒除供食用外，工业上用途极广，可制淀粉、酒精、塑料等。

除玉米籽粒可加工饲料外，秆、叶、穗可青饲或青贮。花柱和根、叶均可入药。

☆玉米须有什么作用

我们大家谁都见过玉米，可是，你知道它的顶部上的“胡须”是什么吗?玉米须又有什么用呢?

你可不要小看了玉米须，它可是玉米生长不可缺少的组成部分。实际上，玉米须是玉米的花丝，也就是玉米雌花的一部分。如果没有玉米须，玉米的植株就结不出玉米了。玉米是雌雄同株异花传粉的植物，雄花生长在茎的顶部，而雌花生长在茎的中间部位。玉米的花粉是靠风来传播的，风把雄蕊的花粉撒向雌蕊，使雌蕊授粉后就很快发育成为玉米的种子，而花丝就失去作用，成了玉米的“胡须”。

当玉米开花授粉的时候，如果受到不良的天气影响，或者雌蕊得不到充分的授粉，就会造成玉米缺粒现象。

玉米须

☆杂交而成的多色玉米

玉米粒

我们知道，成熟的玉米是金黄色的，可是你是否见过彩色的玉米？漂亮的玉米棒上面的玉米粒有黄的、白的，还有红的，简直就像一个彩色的魔棒。一个玉米棒上，为什么会有几种不同颜色的玉米粒呢？

玉米的故乡在遥远的中美洲，由于它的产量高，既不怕涝，又能在山坡上种植，加上味道鲜美，所以世界各地都栽培它。但是，由于各地地理环境不同，自然条件千差万别，栽培的方法也就不一样，时间长了，这玉米就有了许多品种，每一个品种的玉米又有好几种颜色，而各品种、各颜色的玉米之间又都可以杂交。玉米是异花传粉的植物，靠风来传播花粉，风可以把秆顶的雄花粉洒落在雌花的柱头上，也可以把花粉吹落到别的植株的雌花上。在自然情况下，各种玉米的花粉随风飘荡，很容易让不同品种和不同颜色的玉米进行杂交，结出不同颜色的玉米粒来。

玉米棒

☆为什么甘薯越藏越甜

甘薯

甘薯又叫红薯、白薯。我们所吃的其实是它的根，叫做块根。甘薯的块根含有很多淀粉，淀粉本身并不甜，但在一定条件下却会转变成糖。比如面粉，它和甘薯一样也含有很多淀粉，面粉做成馒头后，在嘴里咀嚼，由于唾液酶的作用，淀粉变成了糖，这样嘴里就出现了甜味。奇怪的是，薯块里的淀粉只要在低温下贮藏一段时间，就能转变成糖。秋天是甘薯收获的季节，气温还较高，刚收获的甘薯甜味较差，到了深秋或初冬，温度渐渐降低，薯块里的淀粉慢慢地变成了糖，加上干燥的西北风吹刮，薯块里水分逐渐减少，所以薯块就越藏越甜了。这时将薯块放在炉里烘烤，烘熟后就会从皱裂的薯皮里流出粘稠的汁液，像麦芽糖似的，味道就更佳了。

☆“绿色金子”——茶叶

采茶

中国是世界上种茶、制茶、饮茶最早的国家，是茶的故乡。中国茶源丰富，茶树种类达350余种，广泛分布于大江南北的低山、丘陵地区。中国现有茶园面积100多万公顷，占世界茶园的45%左右。商品茶有绿茶、红茶、花茶、乌龙茶等类别。西湖龙井、太湖碧螺春、黄山毛峰、君山银针、祁门红茶、六安瓜片、信阳毛尖、都匀毛尖、武夷岩茶和安溪铁观音，是久负盛名的十大名茶。

台湾也是中国著名的产茶地，那里所产的冻顶乌龙茶很受人们的欢迎，而冻顶茶又是从福建传入的。

云南是中国西南重要的产茶区，所产普洱茶名闻遐迩。云南勐海境内有一棵大茶树，它株高32.12米。主干粗近3米，是中国最大的茶树。云南普洱境内有株茶树，树龄已1700多年，是中国最古老的茶树。它们都堪称“茶树王”。

我们通常见的茶叶，是由茶树上的幼嫩叶片经炒制以后而成的。其叶革质，椭圆状披针形，于秋冬之间开下垂的黄心白花，清香诱人。茶树除新叶可制茶之外，它的枝叶繁密，树冠整洁，叶片碧绿，花香四溢，因而是有名的观赏树木。

茶园

加工好的茶

茶树的叶子可以加工成我们所喝的茶叶，人类喝茶的历史已经有近2000年了。现在我们喝的不是野生茶，而是人工栽培的茶。

茶大致可分为两大类：一类是印度茶，另一类是中国茶和日本茶。

茶之所以种类繁多，是因为有许多不同的加工方法。如日本茶分粗茶、末茶两种。由于采用截然不同的加工方法，所以，茶叶也不太一样。但茶树都是一样的。

茶的历史

茶原产中国，在远古时代，就有“神农尝百草，日遇七十二毒，得茶而解之”的传说。2000年前中国汉代，四川人民已开始种茶了。到了魏晋南北朝，茶的栽培已遍及长江流域和浙江、福建等省。茶作为商品，遍及南北。1500多年前，现今河北、山东、河南已普遍饮茶，民间有“宁可三日无盐，不可一日无茶”的佳话。

主要产在印度等热带地区的红茶，是将采摘下来的新鲜茶叶放一段时间，使茶叶里的酶充分发酵后而制成的。所以，红茶的成分和颜色都起了很大的变化。这也许是热带地区自然形成的制作方法。

绿茶的制作方法是将采集下来的新鲜茶叶立即加热，不让它发酵。日本是使用蒸汽来加热茶叶的。

世界闻名的中国乌龙茶是半发酵的茶叶，它是采用茶叶边沿发酵，中间不发酵的方法精制而成的，因此，乌龙茶味道极好。

☆可　可

可可是常绿小乔木，开白色小花，花后结出似佛手的果实，剥出果仁，发酵晒干，能生产出可可粉。可可树原产巴西热带雨林

可可

地区，史前已开始种植，并推广到墨西哥、危地马拉，16世纪以后传入亚洲和非洲。可可适宜热带种植，年平均气温20℃以上的地区才能正常开花结果。非洲的加纳、尼日利亚、喀麦隆为可可树主产国，产量占世界总产量的80%以上。中国在海南省也有小片种植。

咖啡

☆咖 啡

咖啡是一种矮小的常绿灌木，属于茜草科咖啡属。其叶革质，椭圆形。花白色，有幽香。

咖啡果实很美，熟时呈红色，内含两粒种子。将其种子冲洗干净，经过焙炒，再进一步研碎，就成了我们平常喝的咖啡。

咖啡树的家庭共有40名成员，主要产在热带及非洲，我国引进有5种，主要栽培于云南、广东、广西、海南岛、台湾、福建等地。

咖啡豆

非洲埃塞俄比亚西南部是咖啡的故乡，咖啡最初大概先由埃塞俄比亚传入阿拉伯国家。据文献记载，至少在13世纪以前，阿拉伯人已开始饮用咖啡，大约在16世纪时已在中东一带广泛种植，17世纪传至欧洲，以后逐渐遍及东南亚、拉丁美洲等地。目前，巴西年总产量约占世界的三分之一，是世界上产咖啡最多的国家，哥伦比亚占第二位。

☆香料植物——八角

八角又名八角茴香，或称大茴香，它是我国两广地区常见的香料植物，广西西部和南部产量最多。

八角的果实以及从果实中提取的茴香油，是优良的调味香料和医药原料，除供给国内需要外，还是我国的出口物资之一。

八角每年开花两次，第一次在2～3月间，8～9月果熟，这时开的花，结果特别

八角

多，占全年果实产量的90%以上。第二次开花在8～9月间，至次年3～4月果熟，产果量较少。

繁殖八角的方法是种子繁殖。八角种子的种皮很薄，油质易挥发，容易丧失发芽力，故在种子成熟后宜随采随播，或经过干燥处理后留至次年春暖后播种。

八角的经济价值较高，果皮、种子、叶片都含有芳香油，通称茴香油或八角油。茴香油的主要成分是香醚，约占85%～95%，是制造香甜酒、啤酒以及其他食品工业的重要香料。经过氧化作用制成的茴醛，是制造香水、牙膏、香皂等的珍贵香料。

八角茴香

☆种植历史悠久的油菜

油菜是我国的主要油料作物和蜜源作物之一。我国种植油菜已有2000年以上的历史。据考证，青海、甘肃、新疆、内蒙古等地可能是最早栽培油菜的地区。油菜籽的营养很丰富，除了油质以外，还含有粗蛋白及多种维生素。油菜不仅是人们主要的食用油，而且是重要的工业原料。菜籽饼可作为畜禽鱼的精饲料或肥料。鲜艳的油菜花，还是重要的蜜源。经采蜜后的油菜，能明显地提高产量，所产蜂蜜价值高于油菜籽。

油菜花

☆"世界油王"——油棕

油棕

仅以油棕每亩产棕油(即果皮榨出的油,种仁的油不计算在内)计算,比椰子高2～3倍,比花生高7～8倍,比大豆高9倍,比棉籽高几十倍,真不愧为"世界油王"。

油棕的油用途是很大的,它的果实含有两种油:由果实外皮榨出的油叫棕油,可以作食用油脂和人造奶油,在工业上可作机器的润滑油、内燃机燃料、肥皂、蜡烛以及罐头工业薄铁片的防腐剂;由种仁榨出的油叫棕仁油,它是良好的食用油,又可制高级人造奶油以及高级肥皂、药剂、化妆品等。

油棕之所以被称为"世界油王",是因为它的单位面积产油量高。椰子算是世界上产油量高的植物,但它只有种仁含有油分,而油棕除种仁含有油分外,它的中果皮也含有油分,中果皮含的油分还比种仁含的油分略高,中果皮的含油量为45%～50%,种仁的含油量为45%。

☆芝麻和芝麻油

芝麻是我国四大食用油料作物的佼佼者,它的种子含油量高达61%。我国自古就有许多用芝麻和芝麻油制作的名特食品和美味佳肴,一直著称于世。小磨制成的芝麻油,俗称香油,香气扑鼻,在中国饮食文化中起着举足轻重的作用。

芝麻中含有大量人体必须的脂肪酸和维生素E,对延缓衰老,改善血液循环,促进新陈代谢有良好作用。中医学上以黑芝麻入药,能补肝肾,润燥结。茎、叶、花均可提取芳香油,茎皮可制人造棉及织麻袋。

芝麻杆

树 木

SHU MU

☆为什么树干要长成圆柱形

自然界中的树木种类繁多，形态各异，它们的树冠、树叶、果实的形状也千变万化。不过，它们有一个共同点，几乎所有树的树干都是圆柱形的。

树林

为什么几乎所有的树木的树干都是圆柱形的呢？

大家都知道，相同的形状，圆的面积比其他任何形状的面积都大。树干中导管和筛管的分布数量，圆形树干比非圆形树干多。所以，圆形树干输送水分和养料的能力就大，有利于树木生长。同样，圆柱形的容积也最大，它具有最大的支持力，硕果累累的果树，挂上成百上千个果实，必须有强有力的树干支撑。维持树木高大的树冠的重量，同样要靠一根主干支撑，因此树干成圆柱形是最适宜的。

此外，圆柱形的树干能防止外来的伤害，因为无论风吹雨打，都容易沿着圆面的切线方向掠过，受影响的只是较小一部分，可见圆柱形是最理想的形状了。

杨树

☆森林中什么时候氧气多

你去过大森林吗？在那里，林木生长茂盛，空气清新，令人心旷神怡。可是，在不同的时间进入森林，人的感受是不同的。如果你白天走进森林，会觉得空气很新鲜，而晚上走进森林，便会觉得头有点昏。

这究竟是为什么呢？原来，植物也和我们人一样，白天的时候在工作，到了晚上则要休息。根据科学家的研究，植物的生理活动白天和晚上是不同的。白天，由于有阳光，植物能利用光能，把二氧化碳和水通过光合作用生成有机物，并释放出氧气，森林中所有的植物都不断从空气中吸收二氧化碳和不断地释放氧气到空气中，这样空气中的二氧化碳越来越少而氧气越来越多。

到了晚上，植物无法进行光合作用，只进行呼吸作用。呼吸作用吸收氧气而放出二氧化碳，空气中二氧化碳的密度比空气大，所以森林中的氧气白天比晚上多。

森林——天然的氧吧

☆榕树独木成林

榕树是属于桑科的常绿大乔木，分布在热带和亚热带地区。它的树冠之大，令人惊叹不已。榕树是一种寿命长、生长快、侧枝和侧根都非常发达的树种。它的主干和枝条上可以长出许多气生根，向下垂落，落地入土后不断增粗成为支柱根，支柱根不分枝不长叶，具有吸收水分和养料的作用，同时还支撑着不断向外扩展的树枝，使树冠不断扩大，这样，柱根相连，柱枝相托，枝叶扩展，就形成遮天蔽日、独木成林的奇观。

我国广东中山新会市有一棵大榕树，树冠宽达6000多平方米，犹如一片茂密的“森林”，这里距海不远，以鱼为食的鹤、鹳等鸟类纷纷把这里当成早出晚宿的栖息场所，当成自己的“家园”。而孟加拉国的热带雨林中，有一株大榕树，树冠覆盖面积有10000多平方米，曾容纳一支几千人的军队在树下躲避骄阳。

榕树的果实小鸟很喜欢食用，坚硬不能消化的种子也就随着鸟粪四处散播，除了在热带地区的那些古塔、墙头、屋顶上可以看到小鸟播种的小榕树外，甚至在大榕树上也生长着小鸟播种的小榕树，构成了树上有树的奇特景观。我国台湾、福建、广西等地都有榕树的生长，福州的榕树特别多，因而有“榕城”之称。

独木成林的榕树

☆马褂木——鹅掌楸

如果说到T恤衫和牛仔裤，大家可能了如指掌，但马褂是什么样大概就说不太清楚了。这是时尚男人穿在长袍外的短褂，如今只能在电影、电视和戏剧中再现了。可在形形色色的大自然中，却有一种目前仍在出产"马褂"的大树。这种树就世世代代生长在我国南方的一些山林中。

鹅掌楸的叶子

它那一片片大过手掌的叶，简直就像一件件挂在枝梢的小马褂。这种树叶的顶部平截，犹如马褂的下摆，而且两个下角略为尖突，似有几分滑稽。叶的两侧平滑或略弯曲，在向后延伸时略有收拢，好像马褂的两腰。然后叶的两侧突然向外突出，仿佛是马褂伸出的两只袖子。这些"小马褂"的前后身颜色还不一样呢，你看它正面绿色、背面白色，好像用的是两种布料，又让人有点纳闷。这就是大名鼎鼎的珍贵树种鹅掌楸，因叶形似马褂，又俗称马褂木。

北极柳

北极柳是生长在世界上最北边的树木，我们可以在北纬83°的北极找到它。北极柳的树枝可以达到5米，但是，树身从来也没有超过10厘米。我们可以在北极柳森林的头顶行走。它因为长得矮而不怕风吹雪寒。

北美鹅掌楸花朵

☆椰子树

在热带地区的沿海和岛屿周围，人们常常可以看到一些高大笔直的椰子树，树的顶端长着外形大而宽阔的羽毛状叶子，树上挂着许多像足球般的棕色果实。看到它们，人们总会不由得想到美丽诱人的南国风光。看来，椰子树的确已经成为了热带植物的象征。

椰子的家庭成员包括在热带气候中生长繁殖的枣椰子，还有生长在印度洋中塞舌尔岛上的复椰子树，以及亚洲热带地区生长的西谷椰子等。

高达25～30米的椰子树开的花极小，而且颜色也不鲜艳，人们不容易发现而已，故有许多人以为椰子树不开花。

成熟的椰果是球形的，外面有一层很厚很硬的外壳，劈开它，就可以喝到里面清香甘甜的椰汁了。每年椰子成熟后，有很多椰果会做一个漂亮的跳水动作跳到海里，洗个海澡，然后就“乘风破浪”踏上了“新婚之旅”。

椰子树生长在海边，要经常遭受台风的袭击。可是，椰子树为什么不会叶断株倒呢？

椰子树与椰果

椰子树

原来，椰子树不但有很强的耐盐性，而且还有很强的耐风性，它那巨大的叶子沿着叶柄，深裂成120～250条柔软、韧性很强，革质而光亮的羽状小片，这样便可随风摇曳，安然无恙了。

椰子全身都是宝，椰子壳可以雕刻成精美的工艺品，果皮纤维可制绳索，果肉可做成小食品或榨油。椰汁呈乳白色，它的营养价值和牛奶、母乳一样高。

在我国海南岛、西沙群岛、雷州半岛、云南西部和台湾南部都有椰树栽培。

椰子

椰子树的叶子是一张张巨型的羽状复叶，叶长3～5米，一般每年生出12～14张新叶，叶子的寿命12～14个月，随着茎干不断向上生长，生新叶，脱老叶，年复一年，这样叶子就丛生在高高的茎干顶端了。成年的椰子树在茎干顶端有25～30张叶子，茎干上留下一道道看起来好像是节间的横纹，其实是老叶脱落后留下的环状叶痕，这些环状叶痕为人们采摘椰子树创造了可攀爬的"阶梯"。

椰子树长有巨大的叶子

☆为什么椰树都长在海边

椰树是热带植物，它们有一个共同的特点，世界上的椰树几乎都生长在海边，成了热带海滨最具有代表性的风光。也许有人会问：为什么椰树都是长在海边呢？

如果了解了椰树的生活习性后，你就会明白是什么原因了。我们知道，植物要想生存繁殖，就必须不断传播种子。植物为传播它的种子，会用各种各样的手段，其

海边椰林

中不少是借助昆虫、风或者水来帮助它们播撒种子的。

椰树是利用水来传播自己的种子的。椰树的果实是椰子，椰子的外皮由松软的木质构成，中间由坚实的纤维包裹。椰子生长在海边，成熟后就会掉到水中，像皮球一样漂浮在水面上随浪逐流，一旦被潮水冲向岸边后，如果遇到适合的环境，椰子就会生根发芽，长成新的椰子树，这就是椰树大多生长在海边的原因。

槐角

☆行道树——槐树

槐树叶浓密，干高、枝广、叶稠，是城市中常见的行道树。夏日骄阳似火，槐树洒下一片片绿荫，给行人带来凉爽。槐树原产我国，又名“国槐”。古人常把它植于寺庙和宫廷内，所以古书中也把它称为“宫槐”。槐树是一种豆科乔木，幼树树皮绿色，老时树皮变为灰黑色，上面有块状深裂。叶为羽状复叶，小叶的前端是尖形的，花似蝶形，淡黄白色或淡绿色，花期很长，从盛夏至凉秋，开花不断，盛开时，夹路飞黄，落英缤纷。

槐树种子——槐米

槐树的确是一种很好的行道树，除了能美化环境、遮阴去暑之外，它还有净化空气、调节小气候的作用。元代时有人写过“风转庭槐拂槛开，绿阴如染净无埃”的诗句来赞美槐树。

槐树是有名的长寿树，其寿命之长并不在银杏、松、柏之下。

槐的木质坚硬，为优质的建筑材料。槐叶可食，可以救荒，槐花既是一种中药材，又是黄色的染料。槐树花谢后，在十月结成念珠状的槐豆角，其果皮中含有葡萄

糖，可以提制饴糖；果皮中还含有“路丁”，具有降血压之功效。种子里还含有丰富的蛋白质、淀粉和少量的脂肪，是制造酱油和酿酒的原料。

☆溢香名树——檀香树

檀香是一种名贵的香料，气味芳香馥郁经久不散。檀香皂、檀香扇就是用檀香制成的。而檀香则来自檀香树。

檀香树是一种终年常绿的树木。最早产于印度、印度尼西亚等热带地区，现在我国南方种植已较普遍。

檀香树有一个与众不同的特性。檀香树的幼苗期主要靠自己丰富的胚乳提供养料，一般长到十来对叶片，养料就耗尽了，它自己又不能再制造养料，如果没有别的养料来源就不能生存下去。这时，它的根系上就要长出一个个如珠子般大的圆形吸盘，它们会紧紧地吸附在它身旁的植物根系上靠吸取别的植物所制造的养料来过日子。

檀香木

檀香

如果这时候找不到被吸附的植物为它提供养料，它就长不起来，最终就会死亡。因此，在种檀香树的时候，就要有选择地在它的身边种上被吸附的植物。因此，人们称檀香树为“半寄生植物”。

☆城市常见树——柳树

“碧玉妆成一树高，万条垂下绿丝绦。不知细叶谁裁出，二月春风似剪刀。”在诗人眼中，高高的柳树像碧玉妆成的美女一样婀娜多姿，下垂的千万枝柳像身上的翠绿丝带。古人通过柳树来刻画春天的美好和大自然的工巧。

柳树在城市中很常见，因为它喜潮湿，所以大多生长在沿河两岸。柳树的枝条细长柔软而且下垂，叶子两头尖尖如小

柳树

刀，据说欧洲的第一把手术刀，就是模仿柳叶形状做成的。

早春时节，柳叶还未长出的时候，柳树就开出淡黄色的小花。

大多数植物的花都是由花萼、花瓣、雄蕊和雌蕊四部分组成的。这四部分完全具备的花叫完全花。杨柳既没有花萼，也没有花瓣，而且雄花和雌花不在同一植株上。

柳树的种子很小，而且毛绒绒的，风一吹，种子就漫天飞舞，人们把它们叫柳絮。

柳树是乔木状的阳生植物，阳生植物最主要的特点就是能够充分利用强光。阳生植物的叶片通常又厚又小，表面像是涂了一层蜡，这样对保存体内的水分很有帮助。

一位荷兰医生凡海尔蒙曾经做了这样一个实验：在一只木桶里放入称过重量的泥土，然后种上一颗2千克重的柳树。每天只浇一些水，过了5年，树长高了，它把柳树拔出来称了一下，竟有75千克重，再称了一下泥土，才减少了几两。后来，科学家们发现，在凡海尔蒙的实验中，柳树不光是吸收了水分，而且也吸收了空气中的二氧化碳，通过光合作用制造出自己生长所需要的养料。

☆泡　桐

泡桐属玄参科，落叶乔木，是我国著名的速生用材树种之一。它的树干挺直，树冠庞大；叶大多毛，分泌黏液，能吸附粉尘、净化空气，被称为天然吸尘器，并且对二氧化硫、氯气、氟化氢、硝酸雾等有毒气体有较强的抗性。

常见的泡桐有白花桐、楸叶泡桐、毛泡桐、兰考泡桐、川桐等。白花桐可高达27米，胸径2米，叶椭圆状长卵形，单叶对生，下面生白色星状绒毛。春季先叶开花，圆锥花序顶生。大型紫花，馨香袭人，赏心悦目。九、十月间硕果累累。

泡桐为速生林木，五六年就能成材，民间流传着“一年一根杆，五年能锯板”的说法。泡桐材质轻软，富有弹性，不翘不裂，

泡桐

纹理美观,隔热防潮,不被虫蛀,不易着火,是制胶合板,做家具、箱板及建筑用的良材。桐木因其轻、松、脆、滑,故适宜于制造乐器、教学仪器及音响设备的机壳。

☆胡杨树

在我国西北的荒漠中,生长着一种高大的胡杨树,也称“胡桐”。它和一般的杨树不同,能忍受荒漠中干旱、多变的恶劣气候,对盐碱有极强的忍耐力。在地下水的含盐量很高的新疆塔克拉玛干大沙漠中,照样枝繁叶茂,郁郁葱葱。

胡杨树

我国新疆塔克拉玛干沙漠地区生长的胡杨树

胡杨有特殊的生存本领,它的根可以扎到10米以下的地层中吸取地下水,体内还能贮存大量的水分,可防干旱。胡杨的细胞有特殊的机能,不受碱水的伤害;细胞液的浓度很高,能不断地从含有盐碱的地下水中吸取水分和养料。折断胡杨的树枝,从断口处流出的树液蒸发后就留下生物碱。胡杨碱除食用外,还可制造肥皂,或用来制革。人们利用胡杨料,也可用于造纸和做家具。胡杨林还可以阻挡流沙,绿化环境,保护农田,是我国西北地区河流两岸或地下水较深地方的重要造林树种。

☆箭毒木

箭毒木又叫见血封喉，是一种高大的常绿乔木，一般高25～30米。一听到箭毒木的别名，你大概就知道它的特点了。不错，箭毒木不但毒性很大，而且是已知的毒性最大的植物。

它的剧毒威力有多大呢？箭毒木的树皮和叶子中含有一种白色乳汁，这种乳汁如果不慎溅入眼中，眼睛会立即失明；它的树枝燃烧放出烟气，也能把人的双眼熏瞎；它的树汁涂在箭头上，一旦射中野兽，3秒钟内就能使野兽血液凝固，心脏停止跳动。箭毒木实在是很厉害。

箭毒木的毒性如此厉害，可算是自然界中剧毒的树木了，但它又是工业上的重要原料。在医药上可从其树皮、枝条、乳汁和种子中提取强心剂和催吐剂。它的茎皮纤维强韧，可以编织麻袋和制绳索。它的材质很轻，可作纤维原料或代软木用。

箭毒木

箭毒木已被列为国家三级重点保护植物。在我国的海南、云南、广西和广东等省、区有少量分布。

☆白桦树皮为什么是白色的

你见过白桦树吗？那光滑的白色树皮在树林中十分醒目，加上无数红褐色的小枝，再衬上碧绿青翠的叶子，迎风摇曳，姿态异常优美。

为什么白桦树皮是白色的呢？在植物学上，树皮是指树的最外面一部分，叫做周皮。周皮是一种保护组织，可分为三部分，从内向外分别为栓内层、木栓形成层和木栓层。木栓形成层能不断地进行细胞分裂，向内分裂形成栓内层，向外分裂形成木栓层。木栓层的细胞都是死细胞，一般呈褐色，所以大多数树木的树皮也是褐色的。

白桦

但是，白桦树的周皮发育却比较特殊，不同于其他植物。虽然它的木栓层的颜色也是褐色的，但在木栓层的外面，还含有少量的木栓质组织，这些组织的细胞中含有大约1/3的白桦脂和1/3的软木脂，而这些脂都是白色的。由于这些脂都在周皮的最外层，因而树皮便成为白色的了。

☆“气象树”——青冈栎

青冈栎又名青冈树、铁木周。这种树对气候变化反应很敏感，这是由叶片中所含的叶绿素和花青素的比值变化所决定的。在长期干旱之后，即将下雨之前，遇上强光闷热天气，叶绿素合成受阻，使花青素在叶片中占优势，叶片逐渐变成红色。有些地方的群众根据平时对青冈树的观察，得出了经验：当树叶变红时，这个地区在一两天内会下大雨。雨过天晴，树叶又呈深绿色。农民就根据这个信息，预知气象，安排农活。

青冈栎为亚热带树种，是我国分布最广的树种之一。朝鲜、日本、印度也分布着这种树。因它的叶子会随天气的变化而变色，所以称为“气象树”。

青冈栎树及其果实

☆树上能长“面包”

南太平洋一些岛屿上的居民，吃的是从树上摘下来的“面包”，这种树叫“面包树”。面包树上的果实，叫做面包果。面

面包果

包果是当地居民不可缺少的粮食，他们在房前屋后都种上面包树，一棵树结的果能养活一两个人。

面包树是四季常青的大乔木。树有两层楼房那么高，树干粗壮，枝叶茂盛。从它的枝条上、树干上一直到根部，都能结果。结出的面包果大小不一，大的如足球，小的似柑橘，最重的有20千克。面包树的结果期长达8个月。面包果营养丰富，含有大量的淀粉和丰富的维生素A和B，还有少量的蛋白质和脂肪。人们把摘下的面包果，放在火上烘烤到黄色时，它变得松软可口，酸中有甜，味道还真和面包差不多。

☆“鸽子树”——珙桐

每当春末夏初，在我国湖北神农架、四川的峨嵋山一带，能看到一种繁花盛开的大树。其花色洁白如玉，花形如同展翅欲飞的白鸽，分外妖娆，这就是昭君故里的“鸽子树”。民间传说昭君出塞，与呼韩邪结为夫妇，她日夜思念家乡，托白鸽为她送信，千万只送信的鸽子飞到昭君的家乡，栖息在树上，化成了一朵朵洁白的鸽子花。

鸽子树

鸽子树本名称珙桐，是我国特有的稀有树种。早在100万年前，珙桐并不罕有，在世界各地都有它的踪影，但后来渐渐灭绝了，只有在我国贵州的梵净山、湖北的神农架、四川的峨嵋山等山区还有小片天然林木，属于国家一类保护植物，是珍稀的

植物活化石。1896年，一位法国神父来到四川穆坪，立刻被那满树的“鸽子”迷住了。后来人们把珙桐种到欧洲和世界各地，成为著名的观赏树种，并被人们称为中国“鸽子树”。

珙桐属落叶乔木，树形高大，有的可以高达30多米。初夏是它开花的季节，每当这个时候，满树的鸽子花迎风欲飞，美丽极了。鸽子花之所以长得像鸽子，是因为它的花序基部长着一对乳白色的苞叶，托着圆球形的紫红色花序，就像鸽子一对洁白的羽翼托着鸽子的头部一样。

杨絮

☆杨花不是花

会飘飞的杨花是花吗？不是，杨花是杨树的果实。这种果实称为蒴果。它是一种多种子的果实，成熟时会干燥分裂，分成数瓣，种子便随之散出。种子的基部围有一簇丝状长毛，随风飘落四方而一代代繁衍下去。

杨树

那么，杨树有没有花呢？有。杨花像一条长而柔软的毛毛虫，或者像一串麦穗藏在树叶间，既无美丽的形状，又无鲜艳的色彩，毫不引人注目。

杨花属柔荑花序。它是一簇围绕着柔软的花轴而丛生的小花。每朵小花只有苞片而无花冠、花萼。杨花是单性花，花里只有雄蕊或雌蕊，雄雌异株。只长雄花的为雄树，只长雌花的为雌树。

杨树是在春天结果实的。正是由于这一迷惑人的现象，杨花更容易被人误认为花了。

☆世界上什么植物最高

杏仁桉是桃金娘科的植物，生长在澳大利亚的草原上，是这里一道独特的风景。

桉树

杏仁桉的树干从下往上很长一段都没有树枝，直到顶端才长出枝叶，这种树形有利于避免风灾。

杏仁桉堪称是世界上最高的植物。它的树干粗得惊人，最大的直径近10米。它的高度更不用说，一般都在100米以上，最高的竟达156米，比美洲的巨杉还高14米，相当于50层楼的高度。

令人感到奇怪的是，杏仁桉的种子却小得惊人，20粒种子才有一粒米大。可是它生长极快，是世界上最速生的树种之一，五六年就能长到十多米高。

杏仁桉的木材是制造舟、车、电杆等的极好材料。它的叶子有一种特殊的香味，可用来炼制桉叶油，有疏风解热、消炎止痒的作用。小朋友们喜欢吃的口味清凉的桉叶糖，就是杏仁桉的贡献。

☆“万木之王”——巨杉

巨杉是特产于美国加利福尼亚山区的杉科树种，由于具有纵裂的红褐色树皮，与另一种生长在加州沿海地区的杉科树种——北美红杉一起被俗称为“红杉”。这两种树虽然在19世纪才被植物学家所描述，但它们异常高大、长寿的本色，很快引起了全世界的普遍关注。其中巨杉在粗大上更为突出，虽然最高的仅90米左右，比北美红杉等几种树矮，但它仍以无与伦比的地位居世界巨木之首。

目前，世界公认的最大的巨杉是一株被尊称为“谢尔曼将军”的巨树。它高83米多，树干基部直径超过了11米，30米处的树干直径仍有6米左右，甚至在40米高处生出的一个枝杈就粗2米，令世界上许多高三四十米的大树望尘莫及。1985年科学家根据它的木材比重进行了测算，认为“谢尔曼将军”树重2800吨。据估计，“谢尔曼将军”树可以制作出55753平方米板材，如果用它钉一个大木箱的话，足可以装进一艘万吨级的远洋轮船。

目前，这株世界“万木之王”受到了美国政府的特别保护，傲然挺立在内华达山脉西侧的红杉国家公园中，成了美国人民心目中的“英雄”。

神奇植物

SHEN QI ZHI WU

☆"俊俏的杀手"——瓶子草

在距猪笼草家族的领地数万里之遥的北美洲东部，也有一个靠"玉净瓶"捕食小虫的食虫植物世家。这个家庭的成员比猪笼草少多了，只有9种，都是矮小的草本植物，捕虫的"瓶子"在草丛中或斜卧，或直立，虽然没有高高挂起的猪笼草捕虫袋那么风光，可捕虫的本领毫不逊色，人们就以"瓶"为名，统称它们为瓶子草。

瓶子草

紫花瓶子草是瓶子草中出名最早、分布也最广的种类，从接近北极圈的加拿大拉布拉多半岛直到美国东南角的佛罗里达半岛的大西洋沿岸地区的湿草地上，几乎都有它的踪迹。这种瓶子草的相貌十分美丽，它那胖胖的由叶特化形成的瓶状叶，如莲座一般围成一圈。春季从中伸出一支长长的花葶，一朵向下低垂如小碗似的紫红色花朵，开在花葶顶端。但对于紫花瓶子草来说，最受人赏识的是能捕虫的瓶状叶。

☆含羞草真的会害羞吗

含羞草原产于南美洲的巴西，周身长满了细毛和小刺。它是一种十分有趣的观赏植物，只要你用手轻轻地触摸一下它的叶，它就会立刻将一片片叶子折合起来，似乎十分害羞，因此被称为含羞草。

还有一些植物，它们的花和叶子一到夜里就折合起来。不过，它们与含羞草还不太一样。它们把花和叶子折合起来并不是有人碰了它们，而是由于光和温度的变化使它们进入了睡眠状态。

其实，含羞草并不会害羞。只要当它

含羞草事实上并不会害羞

含羞草

叶柄上的细胞受到触碰等外来刺激，它就会将叶子折合起来。关于含羞草为什么会这样，曾有人对此进行过专门的研究。有人说含羞草可以像神经一样传导感觉；有人说麻醉和降低温度可使含羞草不能折合；还有人说，受刺激后含羞草的细胞发生了变化等。有关含羞草的研究并未得到令人满意的结果。

☆猪笼草

猪笼草是一种蔓生植物，它看上去像百合花或喇叭花，有的能散发紫罗兰或蜜糖的香味。它有3米多高，生活在我国广东南部和云南等潮湿的山谷里。

猪笼草的叶子十分奇特：叶片很宽大，尖端延伸出一根卷须，卷须的前端膨大成一个瓶状的捕虫囊。由于外形很像南方人运猪用的笼子，人们便给它取了个名字叫“猪笼草”。

猪笼草不但长得像花儿一样美丽，瓶口和瓶盖还布满蜜腺，能分泌又香又甜的蜜汁。风和日丽的晴天，苍蝇、蜜蜂和蚂蚁等小昆虫飞来或爬到瓶口采蜜，没想到脚底下滑溜溜的，一失足就从瓶口滑了下去。小昆虫一头栽到瓶底，就被黏液粘住了。这时，瓶口的盖子自动盖上。这样，小昆虫不管多么善飞会跳，也休想溜走。最后，小昆虫被瓶子内壁分泌的酸性消化液消化掉。这种消化液也叫“蛋白酶”，能够分解蛋白质。因此，受骗上当的小昆虫就成了它的美餐。

猪笼草

☆捕蝇草

捕蝇草是一种自然生长在美国南、北卡罗来纳州潮湿草地上的食虫小草。它的身材矮小，比一株蒲公英或车前草大不了多少。它的叶子也像车前草那样几乎贴地而生，但叶子的形状和功能却与一般的植物大不一样。捕蝇草有几枚到十几枚基生叶，看上去就像柄朝里在餐桌上摆成一圈的一把把怪模怪样的勺子。每一枚叶子都有长而宽的绿色叶柄，叶柄中央一条粗粗的叶脉从顶端伸出，成为一对近似半圆形裂片的中轴。这对裂片肉乎乎的，成80°角张开着，很像一只打开了蚌壳的河蚌。这两片似蚌壳的裂片和它们中间的“轴”，就组成了捕蝇草的捕虫夹。

当一只馋嘴的小虫爬上裂片食蜜汁，或一只呆头呆脑的苍蝇落在裂片上叮来叮去时，捕蝇草就迅速合上夹子，边缘的长齿也随即交叉搭合在一起。这时被捉的虫子无计可施，只能在“铁牢”中等死。

身材矮小的捕蝇草

捕蝇草

捉到猎物后，捕蝇草捕虫夹中的消化腺开始缓慢地分泌出一种红色的消化液，将被缚小虫肉体一点点地分解，边分解边由内壁吸收。

目前，捕蝇草在世界各地被当作珍奇植物栽培，甚至被摆在了超级市场的柜台上，供人们观赏和购买。

☆为什么称浮萍是宝

“浮萍是个宝，肥田又除草，省工省成本，坏田能变好。”这句农谚已充分证明浮萍的肥效。难怪它被誉为“长命肥”“万年肥”。稻田养萍为什么会有这样好的效果呢？

稻田养萍主要养满江红。满江红又称红萍、绿萍和紫萍，是一种水生的蕨类植物。它的叶子上有叶腔，叶腔里头长满了一种能固定氮气的蓝藻——鱼腥藻。满

干燥的浮萍

江红同鱼腥藻是一种“共生”关系。鱼腥藻把空气里的氮气变成氮素养料供满江红“食用”，满江红把制成的有机物拿一部分给鱼腥藻分享。当满江红腐烂死亡以后，这大量的氮肥和其他养料就被庄稼吸收了。水稻需氮肥少时，浮萍就大量繁殖，抑制杂草生长；在水稻需肥时，它就死亡分解，做到了“合理施肥”。

浮萍

☆“水上恶魔”——凤眼莲

1884年，在美国南部城市新奥尔良举行的一次植物博览会上，老家在南美洲热带地区的水生植物凤眼莲，初出茅庐就大出风头。它的花朵呈蓝紫色，花被6裂，一个较大的裂片中央有一鲜黄色的斑点，犹如凤眼十分绮丽，加之一株凤眼莲上往往有十来朵花同时怒放，更显得光彩夺目，被与会者誉为“美化世界水域的蓝紫色花卉”。

凤眼莲具有极强的无性生殖本领，在生长过程中，身体可以不断裂成许多小块，每一块“断肢”都能迅速生长发育成完整的个体。在风和水流的作用下，它们疯狂地扩大着自己的领地。当人们还没明白是怎么回事时，凤眼莲已经成灾。1895年，这种水生植物在美国佛罗里达的圣约翰斯河上产生了一块浮在水面上长达40千米的厚厚的“垫子”，严重阻碍了河流的运输。这种危害很快遍及美国南部水域，造成了巨大的经济损失。

凤眼莲的无性生殖速度有多快呢？有人进行了观察，结果十分惊人：仅在一个生长季节内，25株凤眼莲竟然变成了200万株，足以覆盖1万平方米的水面。

当凤眼莲在新的领地泛滥成灾后，再要消除它就极为困难了。当年美国使用了

凤眼莲

许多现代化的防治办法，甚至动用了工程兵去从事消灭凤眼莲的“战争”，仍难奏效。他们用机械清除不了，就用炸药炸、毒药毒、火焰喷射器烧，结果凤眼莲没被消灭，水中的鱼类及饮用河水的牲畜却遭了殃。最后，还是靠了当地产的大型水生哺乳动物海牛的帮助，才算初步遏制住了凤眼莲的势头。一头海牛一天大约能吃45千克凤眼莲，海牛成了“水上恶魔”的克星。

当然，凤眼莲奇特的漂浮本领和巨大的生殖能力是物种生存繁衍的保证，并非有意与人为敌。相反，如果利用得当，凤眼莲完全可以变“恶”为善，造福于人类。

☆罂粟花

罂粟是一种花朵十分艳丽的草本植物。尽管人们一次吃下整株罂粟，也不会像食几小片钩吻嫩叶那样命归西天，但在世界上已知的成千上万种有毒植物中，它的名气却最大。原因是罂粟未成熟果实的果皮内，含有一种与众不同的乳汁，当它暴露在空气中后，很快就变黑、凝固，形成大名鼎鼎的鸦片。

19世纪初吗啡问世后，罂粟最终被推上了绝路。当时，年轻的德国药剂师泽尔蒂纳首次从鸦片中分离出一种白色结晶。他认为这种物质是鸦片镇痛、催眠作用的主要成分，于是便以希腊神话中睡神的名字来命名这种新药，译成中文就是吗啡。但他万万没想到，自己所做的犹如从魔瓶中放出一个恶魔，给一百年后的人类社会带来了无尽的灾难。吗啡不仅镇痛、催眠效果大大超过了鸦片，上瘾性也随之增强，服用量稍大就出现中毒反应。为了研制出一种非上瘾性的止痛特效药，1874年英国人莱特用吗啡与乙酸酐混合沸煮，得到二乙酰吗啡。但事与愿违，试验结果表明，这种新化合物的毒性更大，于是他决定停止试验和使用。然而，19世纪末，德国人再次

野罂粟花

提出了二乙酰吗啡，将它作为非上瘾性麻醉剂，向全世界推销，并用德文中代表女英雄的词汇“海洛因”作为药品的商标。

罂粟及海洛因

海洛因的出世，终于把罂粟推上了“有毒植物之王”的宝座。它的镇痛作用高于吗啡8～10倍，上瘾性也达到了登峰造极的地步。它能让使用者——“瘾君子”产生异常欣快的感觉，上瘾后突然停用便会产生呕吐和剧烈地痉挛，过量使用会因呼吸抑制而死亡。长期使用海洛因的人，食欲不振、便秘、早衰、消瘦、贫血……可以说，吸毒者每享受一次海洛因的“快乐”，就向死神迈近了一大步。

罂粟花

☆“胎生”树木

人类和哺乳动物是胎生的，难道植物也有胎生的吗？是的，红树植物就是一种“胎生树”。

红树植物的繁殖方式是陆生植物中所罕见的，即许多种类有胎生现象。这种胎生现象就是果实成熟后，仍然留在母树上，种子在母树上的果实内发芽，等幼苗长成熟时才落下。其胚轴长，露出果实之外，

我国广西北海市海边生长的红树林

下端粗，末端尖锐，落下时能够垂直地插入松软的海滩淤泥，不几天即可生根固定于土壤中。即使不能及时插入淤泥，被海水冲走，由于胚轴有很多气道，体内含单宁很多，比重比海水小，在海里漂浮2～3个月而不死。一旦碰到淤泥，即使是水平位置，它的根部也迅速萌芽，能使苗直立起来，安然定居。这种胚轴伸出果实之外，悬持在树上的现象，叫显胎生，如红树、木榄、秋

茄等。还有一种隐胎生，就是种子萌芽后，仍留在果皮内，当果实掸落时，果皮吸水胀破后，幼苗才伸出果皮，插入泥土，如桐花树。

红树的胎生现象也是抗盐锻炼的一种适应。因此有人推理“红树植物是从陆生植物移居来海滩生长的海生植物”。从系统发育上来说，红树种子里的含盐量相对较低。因此它的种子必须在母树上发芽，不断从母体上获得盐分，当积累到与海水的盐分相适应时掸落，才能适应高盐度的环境而得以滋生和发展。

我国南方海边生长的胎生植物红海兰

红树植物的形态结构也异常奇特。它的根多种多样，形状奇怪。红树林生长在热带、亚热带海岸，经常遭受潮汐海水的浸渍和风浪的冲击，因土壤淤泥致密而缺氧，土壤盐度和海水盐度相当高而出现生理性干旱。所以，在与环境相互作用和漫长的系统发育中，形态和结构的进化逐渐与环境相适应。这时特殊形态和结构在抵御不利环境、增强自身生存能力方面起着十分重要的作用。

我国两广、福建、海南岛和台湾沿海的辽阔滩涂上，断断续续地分布着一片片依赖潮汐来实现其生长、发育、繁育和传播的红树林植物群落。它们不怕海水浸渍，涨潮时，有的全被海水淹没，有的仅露出树冠，宛如海上绿岛；退潮时，显出常绿落叶乔木林的景观。极目远眺，一片翠绿，秋水长天，构成一幅奇特而美丽的图画。

☆“沙漠人参”——肉苁蓉

在我国西北和内蒙古的大沙漠里，生长着名叫梭梭的植物。它无叶，只有绿色的枝条，身披由叶子退化而成的鳞片。它的根部常常寄生着一种多年生草本植物——肉苁蓉。

肉苁蓉，身高10～45厘米。茎的肉质

肉苁蓉

较厚，呈黄色。茎上的鳞片呈黄褐色。肉苁蓉的体内不含叶绿素。它大部分时间生活在地下，寄生在梭梭等植物的根部。

肉苁蓉有降压、补肾等功效，是老年人和病后体弱者的良好滋补品，久服可延年益寿，故有“沙漠人参”之称。

☆催命索——菟丝子

菟丝子浑身金黄，底下无根，所以又叫黄丝藤、无根藤，是一年生草质藤本寄生植物。它全身没有半点绿色，体内没有进行光合作用的绿色工厂——叶绿体。菟丝子的种子在春季萌发时，也发芽生根，幼苗出土后2～3个星期内，还过着独立的生活。幼苗向上长，上半截卷成一个个小圈圈。这些小圈圈“好吃懒做”，如果没有可以缠绕的植物，不久就会枯死。一旦碰到寄生对象，它就伸长藤蔓，利用一种特殊的变态根——寄生根，伸进寄主体内窃取养料，从此菟丝子就过着不劳而获的寄生生活。宿主由于菟丝子的寄生，养料被夺去后，生长发育受到严重影响，逐渐变得消瘦、枯黄，甚至死亡。

菟丝子种子

菟丝子也是常用中药，可治腰膝酸痛、遗尿、视力减退等病症。

菟丝子

☆会“流血”的鸡血藤

鸡血藤

许多植物的茎都是靠形成层的增长而变粗的。在形成层的外面是韧皮部，里面是木质部。

鸡血藤的韧皮部里面有着许多由分泌细胞组成的分泌管，每2～10个分泌管成群地排列着，成为赤褐色的圆环。

这些分泌管内充满着棕红色的物质，当茎干锯断后，“血”就从分泌管里渗出来了。这种“血”干后，凝固成亮而发黑的胶丝状斑点。

据化学分析，它含有鞣质、还原性糖和树脂类等物质。

鸡血藤是一种中药材，将它加工制成“鸡血藤膏”，具有补血、活血、通经活络等功效。

☆能够清热解毒的黄连

黄连是多年生草本植物，属于毛茛科。它生长在高山林下阴湿之处，地下部分根茎长而分枝，生着许多须根，均呈黄色。因根、茎多节，成串相连，所以取名“黄连”。

俗话说：“苦不过黄连”。黄连之所以苦是因为它的根茎中含有一种味道非常苦的生物碱——黄连素。黄连有清热燥湿、泻火解毒的功能。中医用它治疗因湿热引起的腹泻、痢疾和呕吐、脏腑心亢盛、烦躁不眠。

现代医学研究证明，黄连有广谱抗菌作用。它对葡萄球菌、链球菌有强大的抑制作用。对金黄色葡萄球菌的抗菌力，比青霉素还强。现已制片剂和针剂，作抗菌消炎药。

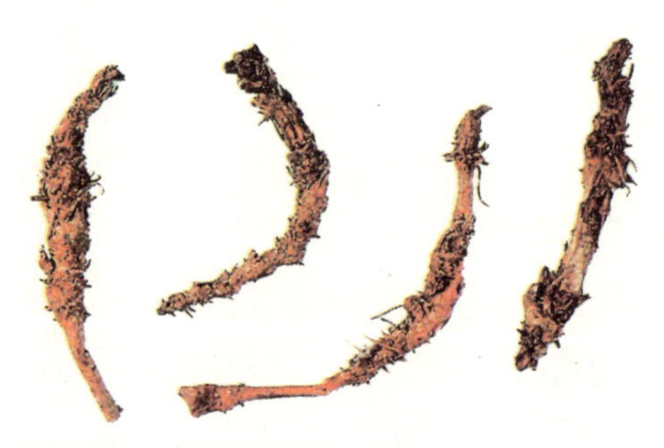

黄连（药材）

黄连

☆开阳固表的黄芪

黄芪也叫“黄耆”，是著名的补气良药，对人体具有强壮作用。

黄芪属于豆科，是多年生草本植物，夏季开蝶形花，果实为荚果，根很长，种植四年以上的根，方可采收。在秋季采收的黄芪含微量元素硒较多，因而质量较好，黄芪的茎、叶营养丰富，是牲畜的优良饲料。

黄芪主要生长于我国北方土层较厚的地方，以内蒙和西北产的黄芪为上品。

现代医学研究表明，黄芪有加强心脏收缩的作用，对因中毒或疲乏而陷于衰竭的心脏病，黄芪的强心作用十分显著；有扩张血管的作用，能改善人体血液循环、营养状况和降低血压；还有保护肝脏、治疗肾炎的作用。

黄芪

☆延年益寿的黄精

黄精是百合科黄精属一些药用植物的泛称，广泛分布在各地的山林中。它们喜生在较湿润的环境中，花朵形如小钟，颜色淡雅。黄精可食的部分是地下横生的肉质根状茎，将它挖出后，洗净、蒸煮、晒干，就是中药药材黄精，被用作补中益气、润心肺、强筋骨的滋补药，并有久服轻身、延年益寿的说法。由于它的根茎中含有大量的淀粉、糖分和其他营养成分，生食、炖服既能充饥，又能健壮，如果长年服用，对

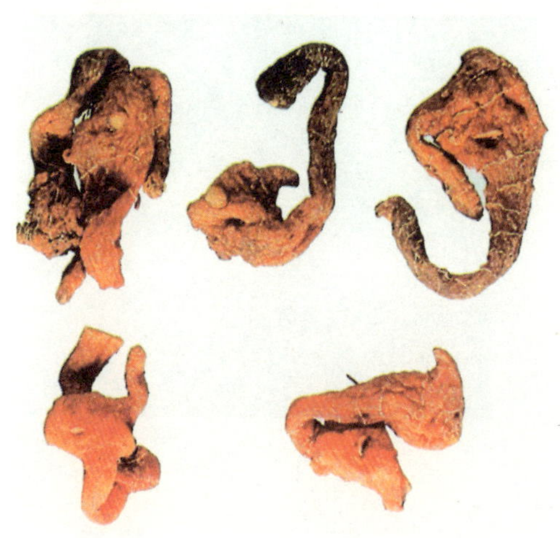

黄精（药材）

身体十分有益。

现代科学证明：黄精具有一定的抗菌作用，对肺结核、癣疾、风湿疼等有一定的疗效；可以调节机体的代谢机能，用于防止老年脂代谢紊乱性疾病、肥胖症、动脉硬化、高血压；可以提高人体免疫力，增加体内超氧化物歧化酶(SOD)的活性，延缓衰老。因此可以说，黄精虽然不能真的让人飞升，却是一种名副其实的益寿草。

黄精

☆和中解毒的甘草

甘草是豆科甘草属中的一种，为多年生草本，生于干燥草原及向阳山坡。它多产于中国西北、内蒙、华北、东北。根灰棕色，外皮不粗糙，荚果不弯曲或稍弯曲，外面不被刺状腺毛，原产地中海，中国

甘草（药材）

新疆亦产。甘草作药用，性平味甘，能补脾益气，清热解毒，祛痰止咳，是一种良药。

甘草

☆止血良药鸡冠花

鸡冠花，因其花序的形状很像雄鸡之冠而得名。它有红、白、紫、黄、绿等多种颜色，以红、白二色最为常见。相传明朝时期，有位名叫解缙的人，在皇帝面前吟咏鸡冠花，第一句“鸡冠本是胭脂染”刚一出口，皇帝当即打断说：“是白色”，并从袖中拿出白色的鸡冠花。解缙灵机一动，接着吟道：“今日为何浅淡妆？只为五更贪报晓，至今戴却满头霜。”

鸡冠花，自古就是有名的观赏花卉，

宋代赵企把它吟咏得极为传神："秋光及物眼犹迷，着叶婆娑似碧鸡。精彩十分佯欲动，五更只欠一声啼。"这是说，观赏被秋天风光笼罩的鸡冠花，简直使人眼花缭乱，花在秋风中摇晃，色彩缤纷，好像传说中的神鸡就要翩翩起舞，就只差五更报晓的那一声啼叫了。

干燥的鸡冠花

鸡冠花，不仅可供观赏，而且可作药用。它不仅能收敛止血，也治疗多种疾病。

鸡冠花的采收在每年的9～10月种子部分成熟时，采收花序，晒干备用。这些可以生用，也可以焙干研成细末使用。

鸡冠花

☆抗衰老的滋补佳品——枸杞

枸杞子，红如胭脂，艳如玛瑙，光彩映目，十分好看。正如古诗所云："玛瑙天然胭脂色，东来紫气益精光。"

枸杞子自古就是滋补养人的上品，有延衰抗老的功效，所以又名"却老子"。唐诗有云："上品功能甘露味，还知一勺可延龄。"

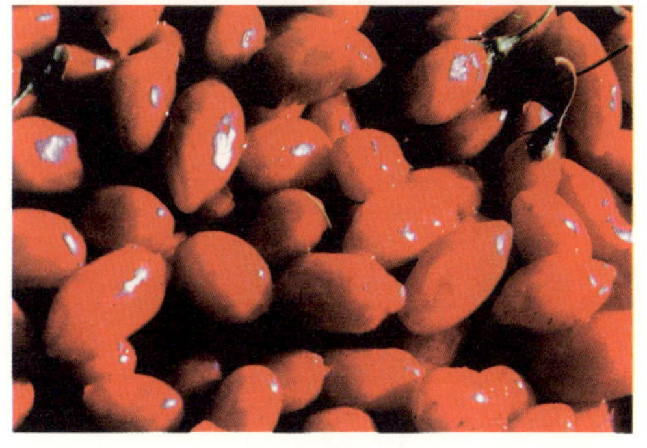
枸杞

枸杞是茄科枸杞属灌木植物，高50～150厘米，直径约2米。主茎数条，粗壮；分枝细长，先端通常弯曲下垂，常成刺状。叶互生或数片簇生于短枝上，叶片卵状披针形或窄倒卵形。秋季开粉红色或淡紫色的花。红色浆果味甜，呈卵圆形或椭圆形。枸杞大多生于强日照、潮湿、土层深厚的黄土沟岸及山坡。它分布于我国山西、内蒙古、陕西、甘肃、青海、宁夏、新疆等省区，各地均有栽培，其中以宁夏枸杞最为著名。枸杞果实药用，能滋补肝肾、益精明目。历代养生家、医学家都很看重枸杞的补养功效。南北朝时代的葛洪、陶弘景，

采摘枸杞

唐代的孙思邈、孟诜都是医林寿星，他们都喜欢喝枸杞酒。传说唐代宰相房玄龄，操劳过度，身心衰惫，后来坚持食用枸杞银耳羹，也收到保健强身的良好效果。明代邵应节献给嘉靖皇帝的补养名方七宝美髯丹，其中就有枸杞这一宝。清代慈禧太后服食的益寿膏、长春益寿丹，枸杞也是其中的重要药物。

☆止咳莫忘款冬花

严冬时节，百花凋谢，但在北方冰天雪地之中，却可见到一种独傲风雪的小草，开着金灿灿的小花。这就是每逢冬季到来花儿才开的款冬花。正如《本草纲目》所说："款者，至也，冬至而花也。"到了正月元宵时节，冰雪初融，款冬花盛开，尤其艳丽，所以民间又称其为"看灯花"。唐朝诗人张籍，在旅行中有感于款冬盛开于早春雪地之中，诗性大发，写下了这样的诗句："僧房逢着款冬花，出寺吟行日已斜。十二街中春雪遍，马蹄今去谁人家。"

黄艳艳的款冬花虽然好看，但入药却并不采摘这盛开的花。而是在入冬前后，破土挖出花蕾，放在通风的地方，待半干之际，筛去泥土，除净花梗，再晾到全干，就成为可供药用的款冬花了。甘肃灵台的款冬花最为著名，称为"灵台冬花"。药房中的冬花，常用蜂蜜炮炙，所以又称"蜜冬花"或"炙冬花"。

我国是最早发现款冬花可供药用的国家，早在汉代的中药典籍《神农本草经》里就已正式收载。直到近代，日本才收入药局，美国才载入药典，成为法定药物。

款冬花的气味辛甘，性质温润，长于止咳、祛痰，也有一定的平喘作用。

款冬花